工业机器人应用技术系列

安川工业机器人操作与编程技巧

智通教育教材编写组 编

主　编　李　涛　田增彬　辛选飞

副主编　王刚涛　黄远飞　郭　晨　钟海波

参　编　常　牧　刘振鹏　邓　松　杨伟杰　叶汉宁　王小磊

李向阳　黎秀科　刘　刚　刘俊峰　叶云鹏　衡泽俊

胡　军　黄圣之　吴文文　贺石斌　赵　君

机械工业出版社

本书主要对安川工业机器人的相关基础知识、手动操纵技巧、运动指令编程应用、通用 I/O 信号操作与编程应用、数学指令和流程控制类指令综合编程应用、区域干涉功能等进行了详细介绍，并通过曲线轨迹编程、九宫格码垛编程等案例进行综合应用讲解。每章后留有练习题，并在附录给出了练习题答案。

本书可供工业机器人专业学生使用，也可供从事工业机器人操作与编程的技术人员参考。

图书在版编目（CIP）数据

安川工业机器人操作与编程技巧 / 智通教育教材编写组编．—北京：机械工业出版社，2023.10

（工业机器人应用技术系列）

ISBN 978-7-111-73660-8

Ⅰ．①安… Ⅱ．①智… Ⅲ．①工业机器人—操作 ②工业机器人—程序设计 Ⅳ．①TP242.2

中国国家版本馆CIP数据核字（2023）第148945号

机械工业出版社（北京市百万庄大街22号 邮政编码100037）

策划编辑：周国萍　　责任编辑：周国萍　王　良

责任校对：李小宝　王春雨　　封面设计：马精明

责任印制：邓　博

天津翔远印刷有限公司印刷

2023年 11 月第 1 版第 1 次印刷

184mm×260mm・10.25印张・228千字

标准书号：ISBN 978-7-111-73660-8

定价：49.00元

电话服务　　网络服务

客服电话：010-88361066　　机 工 官 网：www.cmpbook.com

010-88379833　　机 工 官 博：weibo.com/cmp1952

010-68326294　　金 书 网：www.golden-book.com

机工教育服务网：www.cmpedu.com

前言

随着《中国制造 2025》国家战略规划在 2015 年被提出，工业机器人在国内的使用量越来越多，应用领域也越来越广，相关技能人才也日益紧缺。2019 年，人力资源和社会保障部发布了工业机器人系统操作员、工业机器人系统运维员等 15 个新职业。2021 年，广东智通职业培训学院被评为广东省 2021 年第一批职业技能等级认定社会培训评价组织，对工业机器人系统操作员（四级 / 三级）、工业机器人系统运维员（四级 / 三级）、电工（五级 / 四级 / 三级）进行人才评价认定工作，培养满足当前社会发展需要的高技能人才。

近些年，广东智通职业培训学院为工业机器人应用一线技术人员、工业机器人集成方案供应商的销售人员，以及高等院校机电一体化、电气控制、机器人工程专业的师生编写出版了 ABB 工业机器人系列图书，受到了读者广泛好评。本书是针对安川工业机器人基础操作与编程的又一力作。

安川工业机器人（YASKAWA）作为“工业机器人四大家族”之一，在国内有大量的用户，相关技能型人才需求也很多。本书为了方便读者学习，结合性的对安川工业机器人仿真软件 MotoSimEG-VRC 进行了介绍，就算现场没有真实的机器人，也能通过仿真软件对本书大多数知识点进行练习。本书对安川工业机器人的基础知识、手动操纵技巧、运动指令编程应用、通用 I/O 信号操作与编程应用、数学指令和流程控制类指令综合编程应用、区域干涉功能等进行了详细介绍，最后再通过曲线轨迹编程、九宫格码垛编程等案例进行综合应用讲解，力争让读者熟练掌握安川工业机器人操作与编程的技巧。

广东智通职业培训学院（又称智通教育）创立于 1998 年，是由广东省人力资源和社会保障厅批准成立的智能制造人才培训机构，是广东省机器人协会理事单位、东莞市机器人产业协会副会长单位、东莞市职业技能定点培训机构。智通教育智能制造学院聘请广东省机器人协会秘书长、广东工业大学研究生导师廉迎战副教授为顾问，聘任多名曾任职于富士康、大族激光、诺基亚、超威集团、飞利浦、海斯坦普等知名企业的实战型工程师组建了阵容强大的智能制造培训师资队伍。智通教育智能制造学院至今已培养工业机器人、PLC、包装自动化、电工等智能制造相关人才 16000 余名。

由于工业机器人技术一直处于不断发展之中，再加上时间仓促、编者学识有限，书中难免存在不足和疏漏之处，敬请广大读者不吝赐教。

智通教育教材编写组

目录

第 1 章 安川工业机器人概述

➲ 知识要点：

1．安川工业机器人发展历史。
2．安川工业机器人本体和控制柜介绍。
3．安川工业机器人的行业应用。
4．安川工业机器人仿真软件 MotoSimEG-VRC 介绍。

➲ 技能目标：

1．熟悉安川工业机器人的命名规则。
2．能分辨出不同版本的控制柜型号。
3．掌握安川工业机器人仿真软件 MotoSimEG-VRC 的安装。

1.1 安川工业机器人发展历史

YASKAWA，亦称为安川电机，1915 年创立于日本，是日本首家生产伺服电动机的公司。经过不断的发展，如今的安川电机包含驱动控制、运动控制、机器人和系统工程四大主营事业，是典型的综合型机器人企业，各业务部门配合紧密，且伺服电动机、控制器等关键部件均自给。在国内，安川电机主要从事安川品牌的变频器、伺服电动机、控制器、工业机器人、各类系统工程设备、附件等机电一体化产品的销售及服务。

安川工业机器人作为“工业机器人四大家族—瑞士 ABB、德国 KUKA、日本 FANUC 和 YASKAWA”中的一员，其发展历程也是全球工业机器人发展的大致写照。

1977 年，安川生产出日本首台全电气化的工业用机器人—莫托曼 1 号（MOTOMAN-L10）（图 1-1）。

图 1-1

1981 年，工业机器人的示教作业由单关节顺序动作变为多关节联动的直线、圆弧动作，从而简化了工业机器人的控制程序。

1984 年，工业机器人的关节从 5 轴发展到 6 轴，使得手腕动作变得更为灵活，应用用途扩展到抓取作业领域。

1986 年，交流伺服电动机代替了直流伺服电动机，使得电动机的维护作业变得简单。

1987 年，动作控制从滚珠丝杠驱动转变为直接驱动，工业机器人的动作范围因此得到飞跃扩展。

1989 年，工业机器人安装上了工业视觉系统，可以实现特定物品的识别、抓取。

1993 年，工业机器人已可以搬起 400kg 的重物，从此开启了超大型工业机器人的制造时代。

1995 年，成功开发出具有协调功能的工业机器人，具有此功能的多台工业机器人可彼此进行协同作业。

2005 年，备受瞩目的双腕机器人诞生，如图 1-2 所示，它具有类似人类上半身的结构，可以进入到传统行业代替人进行工作。

2008 年，6 轴工业机器人进化到了 7 轴，如图 1-3 所示，可以做出更加复杂及灵活的动作。

2013 年，面向生物医学的 MOTOMAN 诞生。

2016 年，多用途适用型机器人 MOTOMAN-GP8 诞生。

2018 年，人机协作机器人 MOTOMAN-HC10DT 诞生。

…………

图 1-2

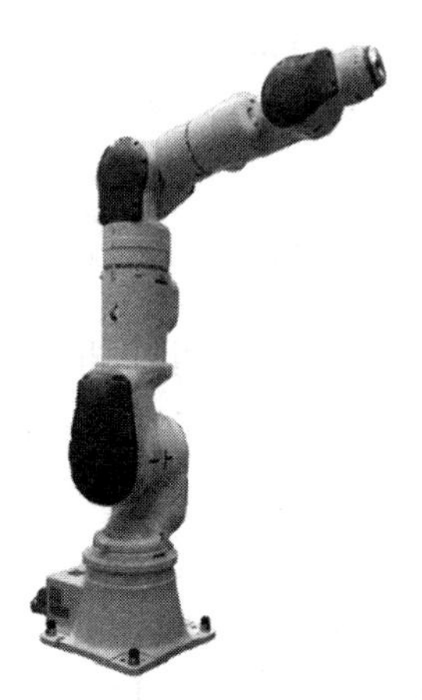

图 1-3

工业机器人四大家族一直以来占据着全球工业机器人市场的主要份额，几乎垄断了制造、焊接等高阶领域的应用。

近年来受机器人细分领域厂商崛起与我国机器人厂商快速发展的影响，四大家族工业机器人全球市场占有率逐渐下滑，但仍保持在 40% 以上。我国工业机器人市场以外资品牌为主，2017 年工业机器人四大家族国内市场占有率达 57%，其中安川的占有率为 12%。

从 1977 年安川第一台工业机器人诞生以来，安川工业机器人出厂台数呈逐渐上升趋势。截至 2021 年 2 月，安川工业机器人的累积出货台数达到了 50 万台，详细数据如图 1-4 所示，从中国工厂到欧美的家庭，从北半球到南半球，由安川电机制造的机器人广泛活跃在工业、医疗康复与家庭服务等各个方面，大大改变了人们的生活。

根据 GGII 最新统计数据显示，2022 年中国市场工业机器人销量 30.3 万台，同比增长 15.96%。安川机器人在 2022 年有不错的增长，尤其在新能源、新能源汽车等领域，订单与营收均获持续增长。

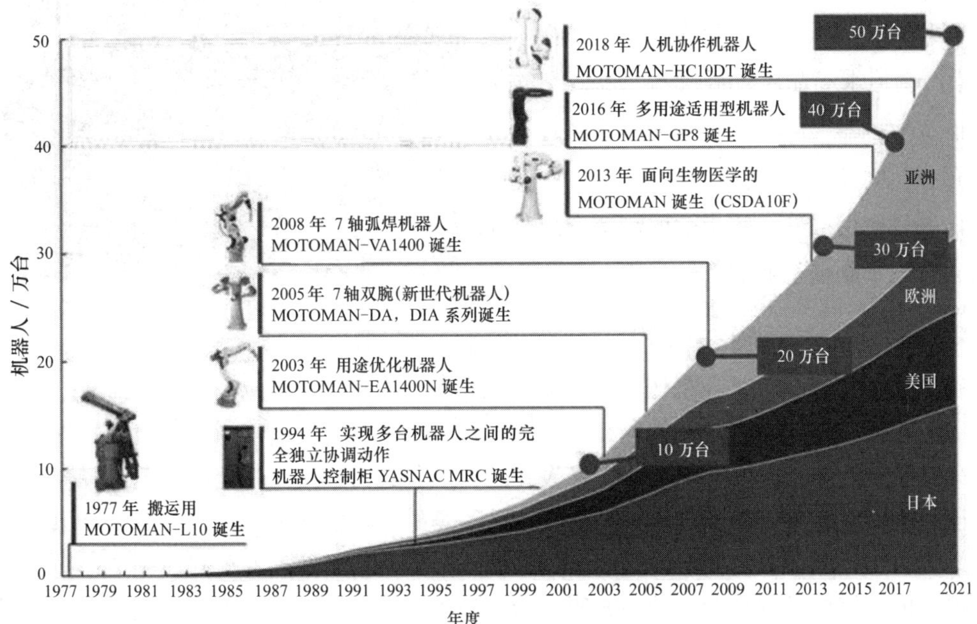

图 1-4

1.2 安川工业机器人产品分类

1.2.1 安川工业机器人的行业应用

随着时代的发展，工业机器人在工业领域的应用越发广泛，作业类型可分成搬运、码垛、焊接、喷涂、装配、切割、打磨等。除了工业领域之外，机器人技术已广泛地应用于农业、建筑、医疗、服务、娱乐，以及空间和水下探索等多行业。

关于工业机器人的分类，国际上没有指定统一的标准，可按负载重量、控制方式、自由度、结构、应用领域等划分。在安川官网上，其对工业机器人从应用领域及系列进行了归类，如图 1-5 所示为按应用领域进行的划分，图 1-6 所示为按系列进行的划分。

弧焊
激光加工
点焊
搬运
取件/包装
码垛
组装/分装
冲压机间搬运
喷涂
半导体
洁净室
其他
生物医学
涂胶

图 1-5

GP,HC系列
AR,VA,MC系列
SP系列
MPP,MPK系列
MPL系列
SDA，SIA系列
PH,EP系列 / MH3BM系列
MPX,MPO,EPX系列
SEMISTAR-M、V系列 / MCL，MFL，MFS系列
机器人控制器
焊接电源

图 1-6

如今，在众多行业中都能看到 YASKAWA 产品的身影，下面从不同的行业应用来大致了解一下。

1. 在汽车制造行业的应用

汽车生产和汽车部件的制造过程包含焊接、

组装、检查等各步骤。各步骤中又包含弧焊、点焊、喷涂、冲压、搬运等作业。汽车行业以24h量产制追求高品质、低成本、高效率的生产，而工业机器人的使用是实现该要求必不可少的存在。因此，工业机器人在汽车行业使用量大，并且应用成熟。图1-7展示了安川工业机器人在汽车制造行业的部分应用。

图 1-7

2. 在金属加工行业中的应用

在金属加工行业，工业机器人主要用于水切割、打磨、去毛刺、加载/卸载、冲压搬运等作业。在这些作业中有的工作环境不理想，有的具有一定的危险性，甚至有的作业人工难以高效高质量地完成。而使用工业机器人和工作机械组合，可以安全高效地进行相关作业，例如安川采用了6轴高输出电动机和高刚性减速器的工业机器人，可以在高负荷下、稳定高精度地进行去毛刺作业。同时，采用了电动机及电缆不暴露在外的全封闭构造，适合在多水分或粉尘的环境中进行作业。图1-8所示为安川工业机器人在金属加工行业的部分应用。

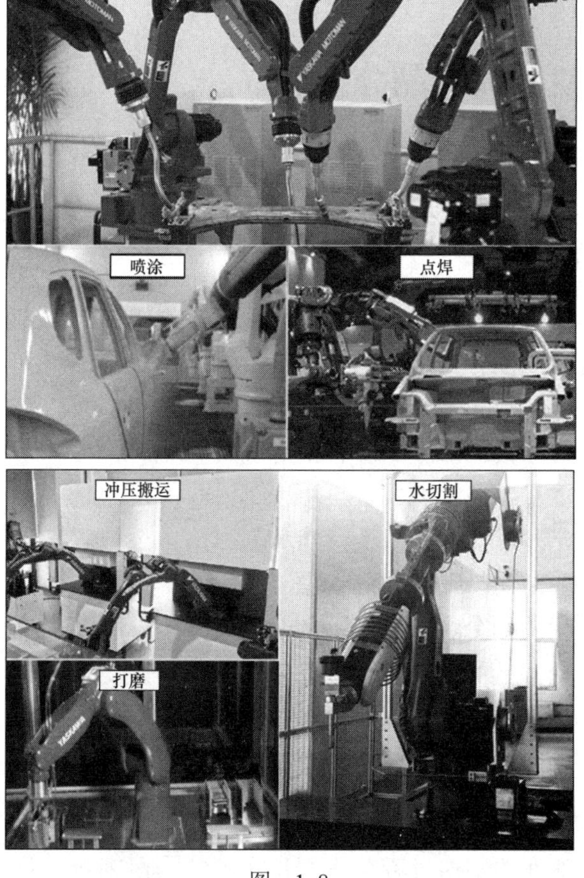

图 1-8

3. 在电子部件行业中的应用

在如今的生活中，电子部件无处不在，从计算机、手机、家电等个人产品，再到汽车、高铁、飞机等交通工具，以及各种生产设备、公共环境设施都离不开电子部件。电子部件行业的人工作业方式无法满足电子部件的供应需求，为了提高作业的生产效率和稳定品质，在组装、检查、搬运等工序中引入了工业机器人。

汽车产业等采用了面向大量生产的流水线生产方式，电子部件行业中产品品种多样，追求变量生产，故采用了适合的 CELL（单元）生产方式。为了应对形状大小不同的各个品种的部件，视觉应用在电子部件行业较为常见，图 1-9 所示为安川工业机器人在电子部件行业的部分应用。

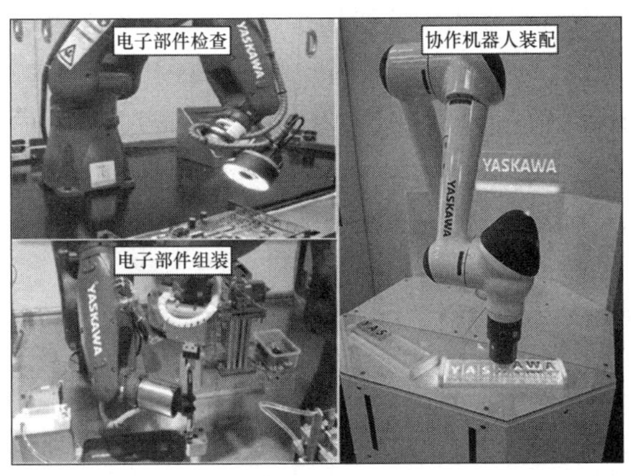

图　1-9

除上述介绍的几个行业的应用外，安川工业机器人在工程机械、新能源、物流、橡胶塑料、木材家具、锻造锻压等行业都有广泛的应用，如图 1-10 所示，具体的应用类型根据应用的不同而不同，像码垛是将盒、袋、箱、瓶、纸箱堆放在托盘上的一个要求高的应用，作为产品在被装上卡车出货前在流水线上的最后一个步骤。更多的应用在这里就不再一一述说了，读者可以查找相关资料进行详细的了解。

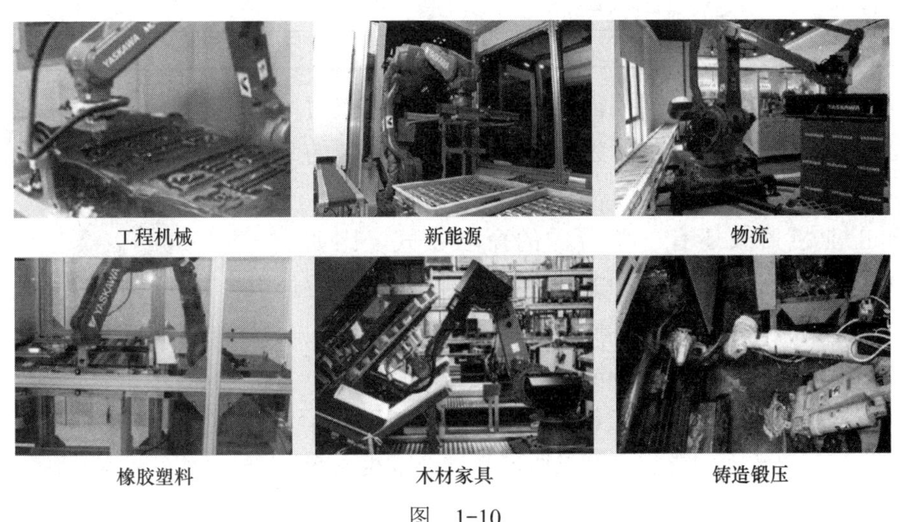

图　1-10

1.2.2 安川工业机器人命名规则

如果熟悉安川工业机器人的命名规则，就可以从机器人的型号名称，快速了解到它的主要用途等基本信息。

安川工业机器人基本是按系列进行命名的，而每个系列是对安川工业机器人的应用用途的体现。下面通过对工业机器人型号 MOTOMAN-GP12 的拆分讲解，来了解安川工业机器人的命名规则，如图 1-11 所示。

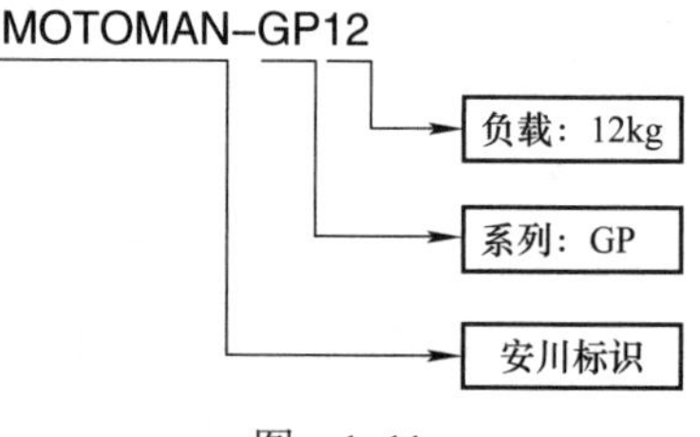

图 1-11

说明：GP 系列是新一代机器人本体型号系列，其主要用途为搬运（通用用途）。很多系列机器人命名中数字代表有效负载，但部分系列机器人命名中数字代表的是动作范围，比如 AR（弧焊）系列机器人 MOTOMAN-AR1440，其中 1440 表示动作范围的最大臂展为 1440mm。

不同系列的含义可以通过主要用途进行了解，具体见表 1-1。

表 1-1

系列	主要用途
GP	搬运（通用用途）
HC	搬运（通用用途），HC 指协作工业机器人
AR/VA	弧焊
MC	激光加工
SP	点焊
MPP/MPK	取件 / 包装，其中 MPP 指并联工业机器人
MPL	码垛
SIA	组装 / 分装，SIA 指 7 轴垂直多关节工业机器人
SDA	组装 / 分装，SDA 指双臂工业机器人
MH	生物医学
EP/PH	冲压机床搬运
MPX/EPX	喷涂

说明：因为工业机器人应用的多样化，表 1-1 中仅对主要用途进行了表述，其可能因为安装工具及应用环境的不同而具有不同的用途。

安川工业机器人还有一些特殊的命名方式，比如 MOTOMAN-motomini，如图 1-12 所示，是安川小型工业机器人，可以在非常紧凑的空间中使用，其本体重仅约 7kg，动作范围的最大臂展为 350mm，其以体型进行命名。

图 1-12

本小节意在让读者对安川工业机器人的命名规则进行了解，如想了解更全面的内容，可以通过其官网或相关产品手册进行了解。

1.2.3　安川工业机器人控制柜型号

随着不断地发展，安川工业机器人控制柜产生了很多代版本，比如 MRC、XRC、NX100、DX100、FS100、DX200、YRC1000、YRC1000micro 等。

DX200、YRC1000、YRC1000micro 版本与之前的版本发生了革命性的变化，首先 DX200 的示教盒进行了轻量化设计，开始变得轻巧起来；YRC1000、YRC1000micro 不光柜子进行了轻量化设计，机器人本体型号也转变为 GP 系列，这是其一，还有就是 DX200 以后机器人选项需要使用加密锁才能开通。当然每种柜子的革新，使得其相应的备件也会不一样，所以在寻购备件时应该报上控制柜的型号、用途，最好从设置里寻找相应的版本号等。

图 1-13 所示为 DX100 控制器与 DX200 控制器体积对比。瘦身成功的 DX200，变压器模块可配置于板底，大大节省了空间。DX200 有专为小型工业机器人服务的尺寸 600mm（宽）×950mm（高）×520mm（深），和专为大型工业机器人服务的尺寸 600mm（宽）×950mm（高）×640mm（深）。同时，DX200 采用可堆叠的低地台基板，在不带有变压器模块时，通过堆叠可实现设置空间的最小化。

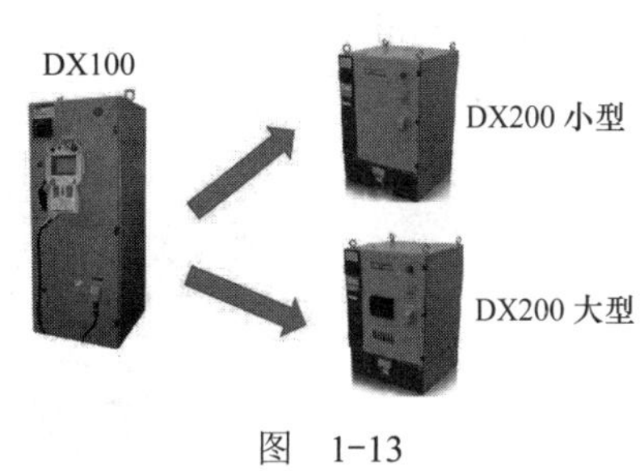

图　1-13

2017 年 3 月，株式会社安川电机发布了新型机器人控制柜 YRC1000，YRC1000 拥有当时世界最小级别的控制柜尺寸 598mm（宽）×490mm（高）×427mm（深），相比 DX200 控制柜的体积又减少了一半，如图 1-14 所示。

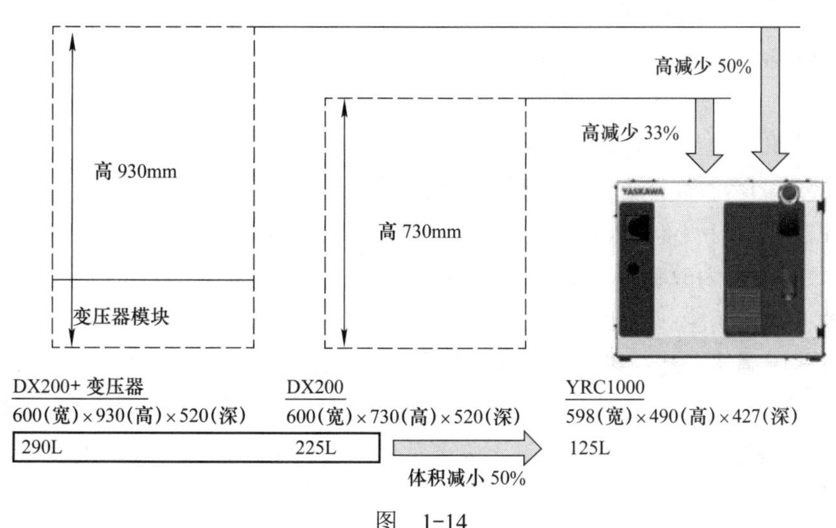

图　1-14

除了尺寸优势外，功能更柔性也是 YRC1000 的硬件特点之一。YRC1000可以根据客户的要求在控制柜的上方或下方安装定制模块，从而提升控制柜的扩展性，如图 1-15 所示。

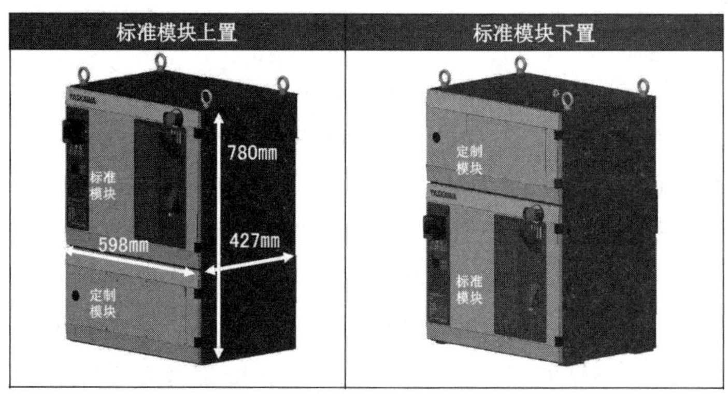

图 1-15

YRC1000micro 控制柜则具有更小的外形尺寸：425mm（宽）×125mm（高）×280mm（深），更节省设备空间，如图 1-16 所示。

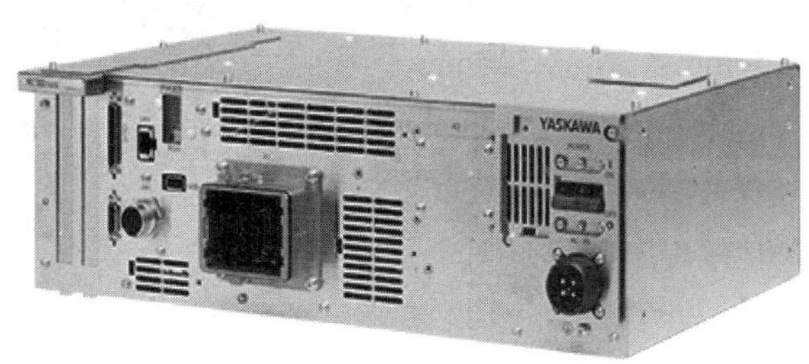

图 1-16

控制柜的迭代更新，除了备件上会有所不同外，功能上也会有一定的提升。比如 YRC1000 控制器提升了轨迹精度，还新增了一些新功能，例如：

1）VMAX 功能：通过简单的指定，工业机器人可在各轴变换姿势时使用最高速度进行移动。

2）与工业机器人当前位置相当的示教检索功能：该功能可以寻找程序内与工业机器人当前位置最靠近的示教点，省去了在程序间来回寻找示教点的时间。

3）程序监视功能：可监视程序运行时的各种参数（负载量，I/O 停止时间，移动时间，显示再现次数等），为改善程序提供可靠的数据。

4）机器人监视功能：可设定力矩、外力值、轴速度的阈值等。

5）运行状况确认功能：以统计图的形式对过去的运行状况一目了然。

6）3D 图表显示功能：工业机器人的动作或安全功能的动作限制区域可在示教编程器上的 3D 图表界面内进行确认。也就是说不需要动作示教就可以知道所编程的动作轨迹和清楚工业机器人的安全的动作限制区域。

现在市面上常见的控制柜型号有 YRC1000、YRC1000micro、DX200、FS100、DX100。有一点需要强调说明，由于安川工业机器人本体型号拥有多个不同系列，不同的本体型号对控制柜型号也是有要求的。表 1-2 汇总了不同工业机器人本体型号所对应的控制柜型号，读者可以进行参考，详细的内容也可以进入安川电机官网进行了解。

表 1-2

控制柜名称		YRC1000	YRC1000micro	DX200	DX100	FS100
控制柜	小型机型	AR700，AR900，AR1440，AR1440E，AR1730，AR2010，GP7，GP8，GP12，GP25，GP25-12	MotoMINI，HC10DT，GP7，GP8，GP12	—	SIA5D，SIA10D，SIA20D	MPP3H，MPP3S，MPK2F，SIA5F，SIA10F，SIA20F，MH3BM，MH5BM
	大型机型	SP80，SP100，SP100B，SP165，SP165-105，SP210，SP235，SP110H，SP180H，SP225H，SP150R，SP185R，GP20HL，GP35L，GP50，GP88，GP110，GP110B，GP180，GP180-120，GP215，GP225，GP250，GP280，GP280L，GP400，GP600，GP165R，GP200R，GP400R	—	MC2000II，MPK50II，MPL80II，MPL100II，MPL160II，MPL300II，MPL500II，MPL800II，MPX1150，MPX1950，MPX2600，MPX3500，MPO10	SDA5D，SDA10D，SDA20D，	SDA5F，SDA10F，SDA20F

1.3　MotoSimEG-VRC 软件

1. MotoSimEG-VRC 软件概述

MotoSimEG-VRC 软件是作为安川工业机器人 MOTOMAN 系列的脱机教学系统而开发的软件。

MotoSimEG-VRC 软件减少了需要使用实际工业机器人的时间，很多教学内容可以通过在个人计算机上的 MotoSimEG-VRC 软件来进行工业机器人教学，从而使工业机器人有更多的时间用于生产，提高了生产效率并确保操作人员的安全。MotoSimEG-VRC 软件是一款适用于 Windows 的应用软件，具有卓越的可操作性和诸多优点。

在工作中，可以通过 MotoSimEG-VRC 软件进行离线编程，再把编好的程序导入真实工业机器人中，这样可以节省大量现场编程的时间。

在 MotoSimEG-VRC 软件中也可以根据实际生产进行工作站布局，图 1-17 所示为 MotoSimEG-VRC 软件中一焊接工作单元的布局。因此，可以通过 MotoSimEG-VRC 软件实现虚拟仿真，并可以对所编程序的正确性进行检验。

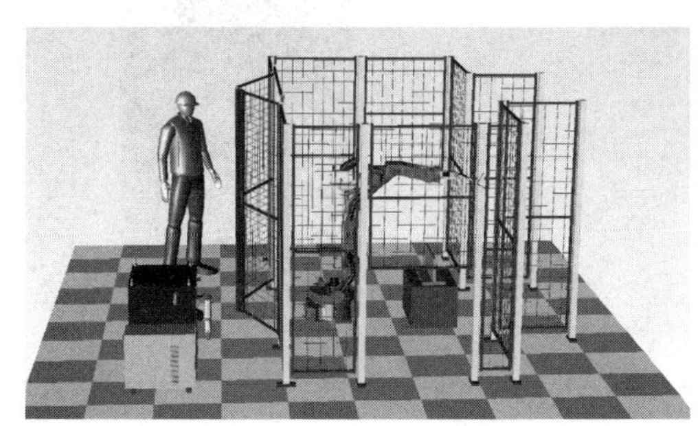

图　1-17

2. MotoSimEG-VRC 软件安装

MotoSimEG-VRC 软件的官方安装，可通过一张安装光盘和一个硬件加密设备来完成，如图 1-18 所示。安装光盘里面包含了安川工业机器人编程所相关的多个软件，其中包含 MotoSimEG-VRC 软件。硬件加密设备，是一种 USB 接口的硬件，俗称为加密锁或加密狗，在软件安装完成之后，只有通过加密锁的连接才能正常使用。

图 1-18

MotoSimEG-VRC 软件安装前需退出安全软件，防止对安装软件的误杀。软件的具体安装步骤为：

1）右键单击光盘中的“setup.exe”，在弹出的菜单中选择“以管理员身份运行”，根据弹窗的提示依次往下进行，如图 1-19 ～图 1-21 所示。

2）选择“I accept the terms of the license agreement”单选按钮，单击“Next”按钮，如图 1-22 所示。

3）选择“Complete”单选按钮进行完整安装，单击“Browse...”按钮可以更改安装目录，需注意的是安装目录中不能有中文，然后单击“Next”按钮，如图 1-23 所示。

4）根据安装提示依次往下进行，如图 1-24 ～图 1-31 所示。

图 1-19

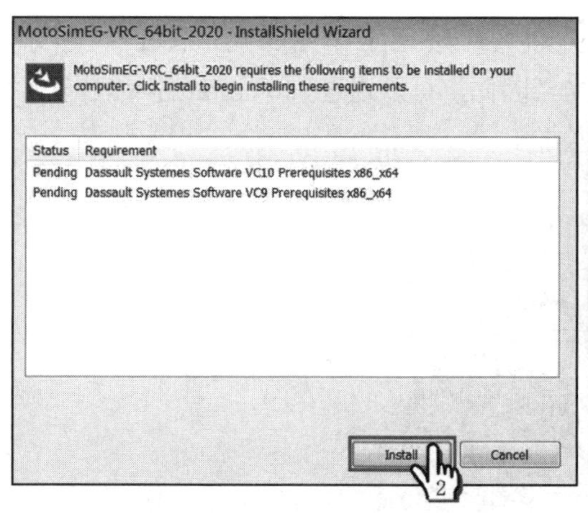

图 1-20

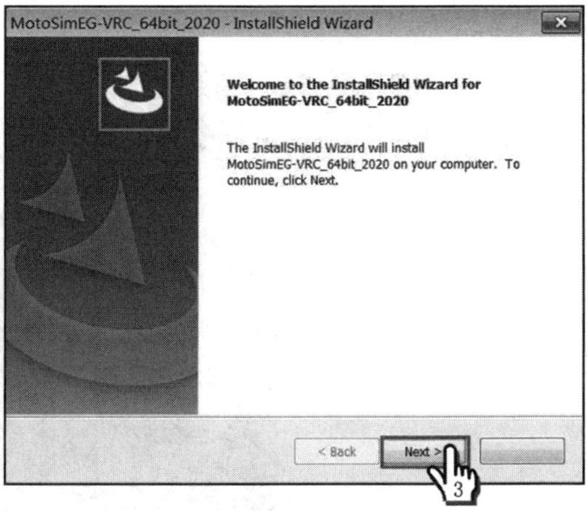

图 1-21

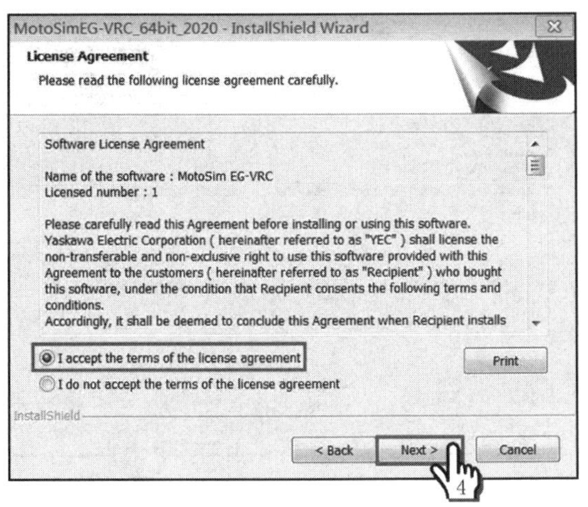

图　1-22

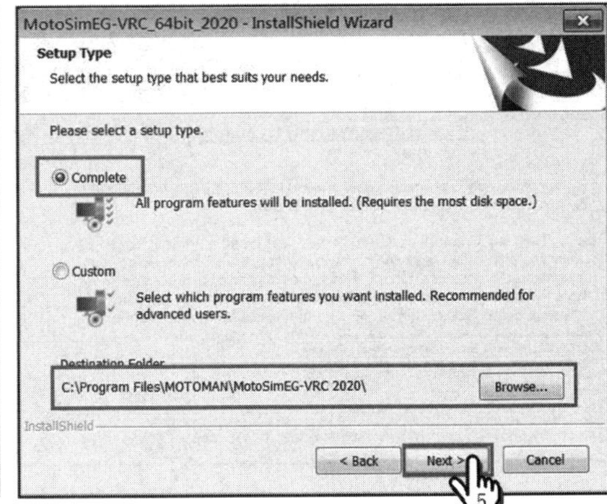

图　1-23

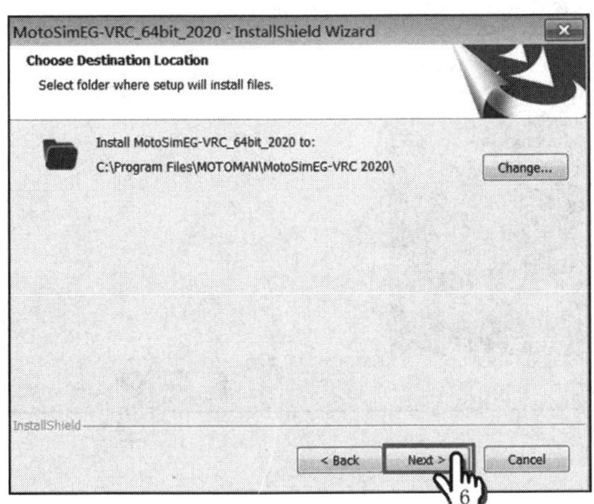

图　1-24

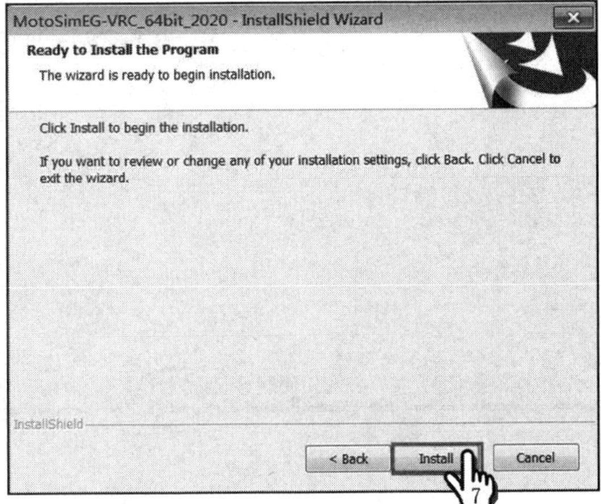

图　1-25

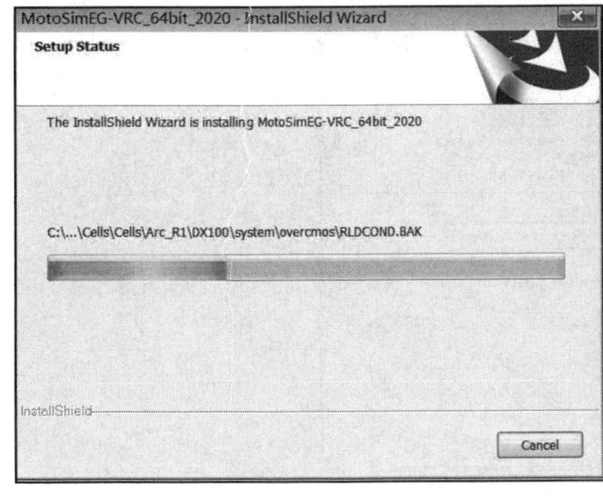

图　1-26

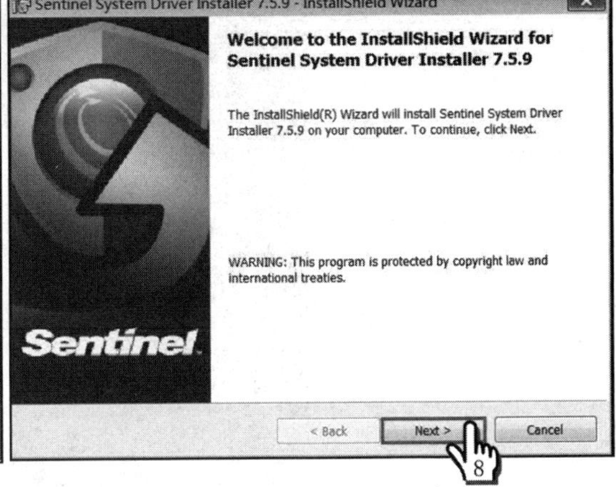

图　1-27

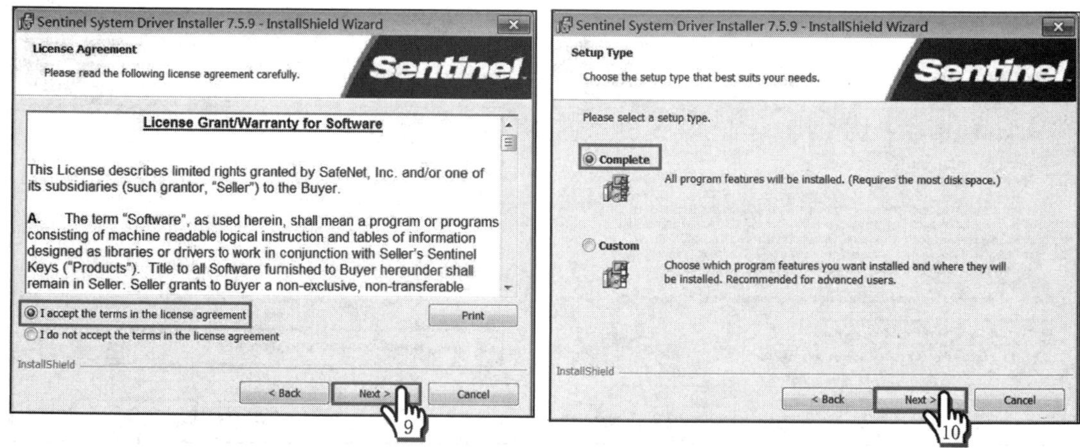

图 1-28　　　　图 1-29

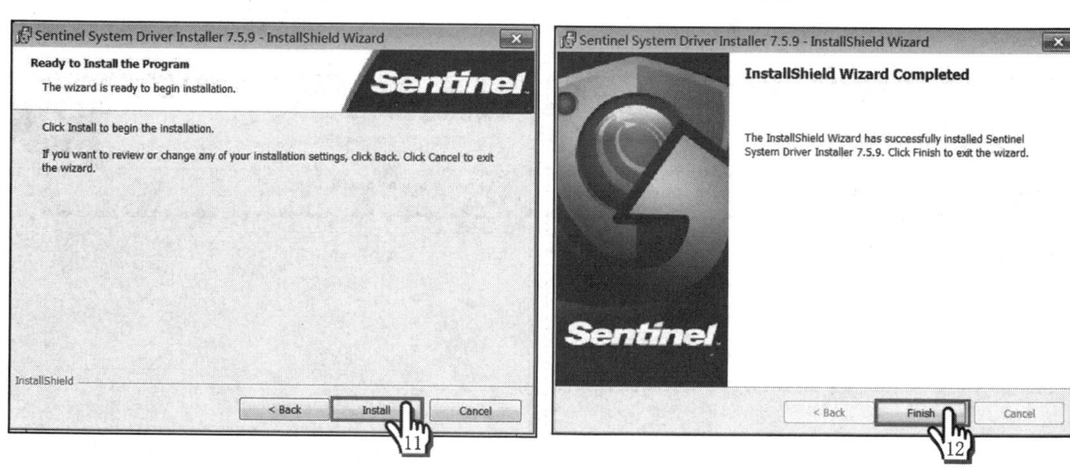

图 1-30　　　　图 1-31

5）当安装完成后，会要求重启计算机，如果想立刻重启，选择“Yes，I want to restart my computer now”单选按钮，单击“Finish”按钮，完成安装，如图 1-32 所示。

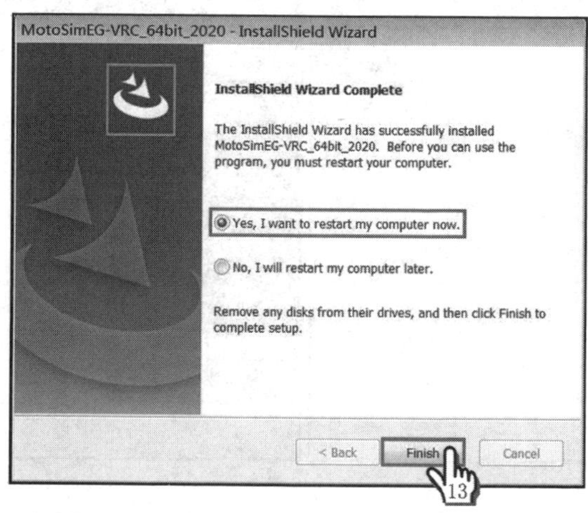

图 1-32

6）桌面保留图 1-33 所示软件图标即可，其余图标可删除。

图　1-33

1.4　课后练习题

1. YASKAWA，亦称为________，1915 年创立于________。

2. ________年安川电机运用最擅长的电动机运动控制技术开发生产出了日本首台全电气化的工业用机器人—莫托曼 1 号（MOTOMAN-L10）

3. 工业机器人四大家族是指____________________。

4. 下面哪款安川工业机器人的负载重量最大？（　　）

A．MOTOMAN-GP600　　B．MOTOMAN-GP25

C．MOTOMAN-motomini　　D．MOTOMAN-AR1440

5. 下面哪款安川工业机器人的体型最小？（　　）

A．MOTOMAN-GP600　　B．MOTOMAN-GP25

C．MOTOMAN-motomini　　D．MOTOMAN-AR1440

6. 下面控制柜型号中，最老的型号是哪个？（　　）

A．DX200　　B．MRC　　C．YRC1000　　D．NX100

7. YRC1000 控制柜相比 DX200 控制柜的体积又减少了多少？（　　）

A．50%　　B．20%　　C．60%　　D．80%

8. [判断题]YRC1000micro 控制柜可以在大型机型上使用。（　　）

9. [判断题] 安川控制柜的型号有很多，但硬件和功能上没什么变化。（　　）

10. [判断题]MotoSimEG-VRC 软件减少了需要使用实际工业机器人的时间，并且适合教学使用。（　　）

第 2 章

仿真基础与安川工业机器人基础知识

➲ **知识要点：**

1．虚拟仿真工作站的创建。
2．MotoSimEG-VRC 软件界面认知及基本操作。
3．安川工业机器人控制柜及示教器认知。
4．安川工业机器人手动操纵。

➲ **技能目标：**

1．熟悉虚拟仿真工作站的创建步骤。
2．掌握 MotoSimEG-VRC 软件基本视图操作。
3．能够对工业机器人进行手动操纵。

2.1 虚拟仿真工作站的创建

1．虚拟仿真工作站创建步骤

MotoSimEG-VRC 软件可以给学习以及工作中的程序调试提供便利性，而前提是需要依托于虚拟仿真工作站。接下来，作者手把手教大家如何创建虚拟仿真工作站，开启安川工业机器人的学习之旅。

说明：MotoSimEG-VRC 软件默认支持语言为日语和英语，文中的中文图片为译图，仅供参考。

在虚拟仿真工作站中，至少要包含机器人本体及虚拟控制器系统。虚拟仿真工作站具体创建步骤为：

1）打开 MotoSimEG-VRC 软件，单击左上角主菜单图标，如图 2-1 所示。

2）在弹出的菜单中，单击“新建”命令，如图 2-2 所示。

图 2-1

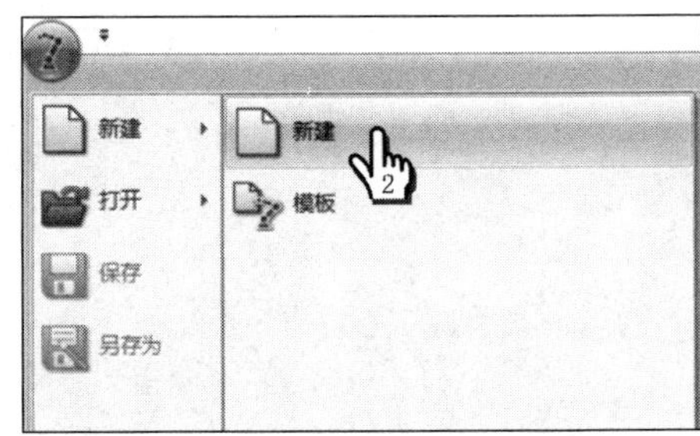

图 2-2

3）在弹出的对话框中，给新建的工程命名，此处作者以“Test”为例进行命名，并单击“Open”按钮继续下一步操作，如图 2-3 所示。此时会生成一个仅有地板的空工作站，如图 2-4 所示。

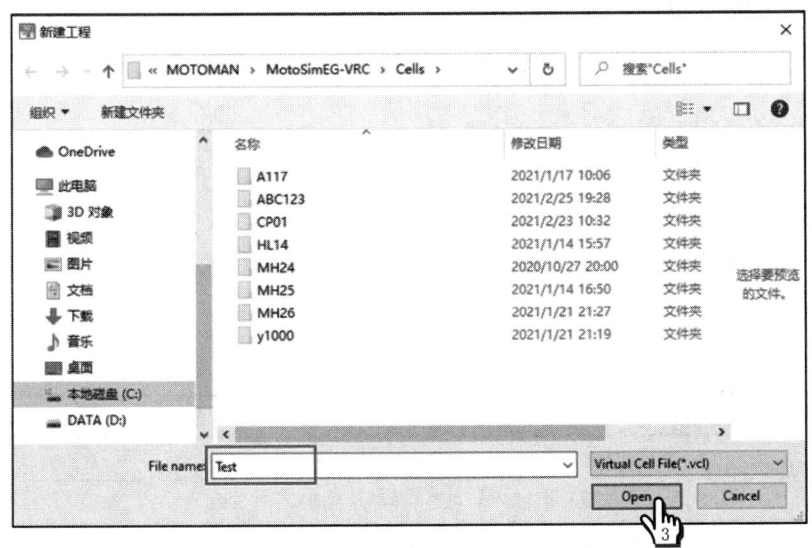

图　2-3

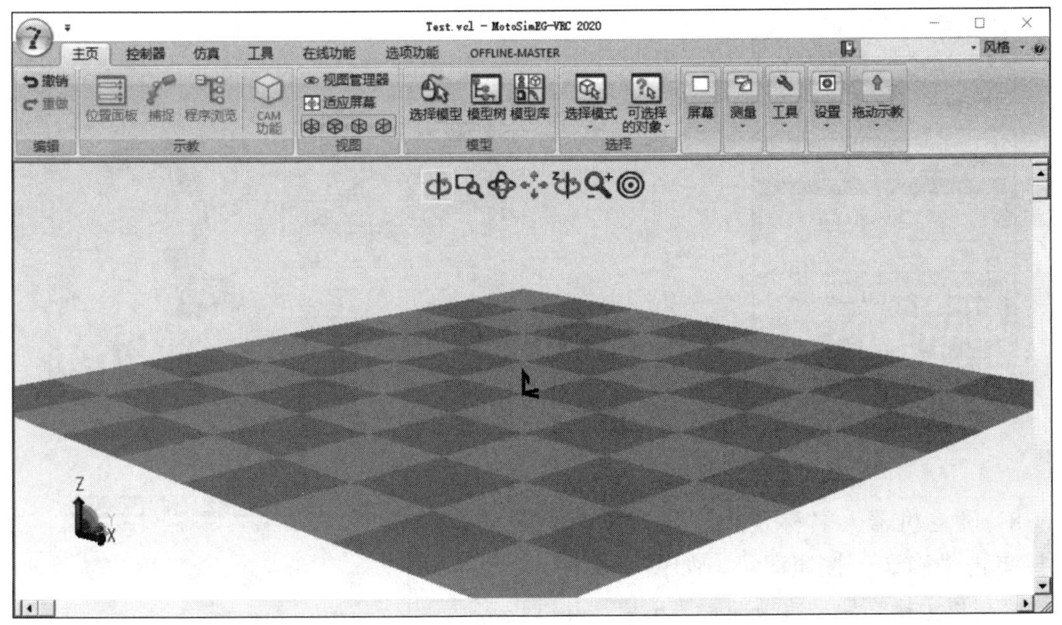

图　2-4

4）接下来进行添加机器人本体及虚拟控制器操作。单击“控制器”菜单，然后再单击“新建”命令，如图 2-5 所示。

5）在弹出的对话框中选择“VRC 控制器（无文件）”单选按钮，单击“确认”按钮，如图 2-6 所示。

图 2-5

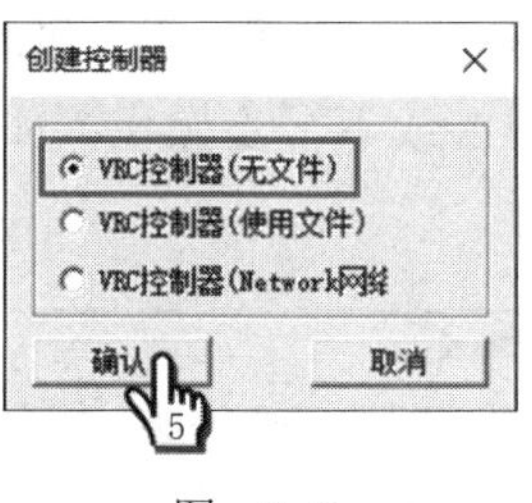

图 2-6

6）选择控制器型号。本书中，以“YRC1000”控制器进行讲解，故在“新建控制器”对话框中选择它，然后单击“确认”按钮，如图 2-7 所示。

7）对语言、控制组、用途进行设置，表 2-1 中对它们的设置进行了说明。最后单击“标准模式启动”按钮，如图 2-8 所示。

表 2-1

参 数 名	说 明
①语言	设定示教器使用语言，可以选择日语或英语
②控制组	选择机器人本体型号，机器人本体预览图显示在右边
③用途	选择机器人的用途，有的作业指令需选择特定的用途才会显示，不要选错

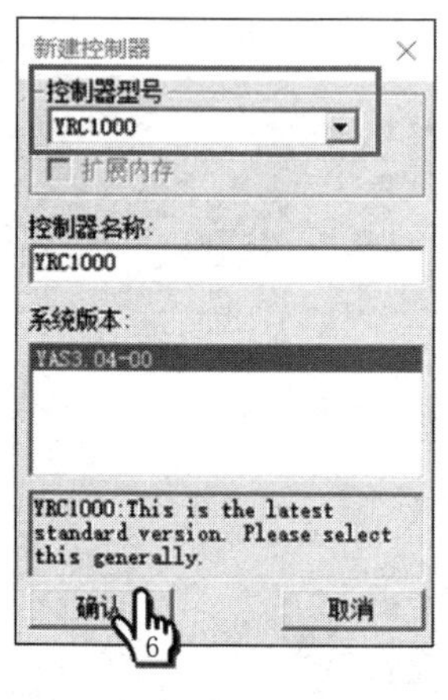

图 2-7

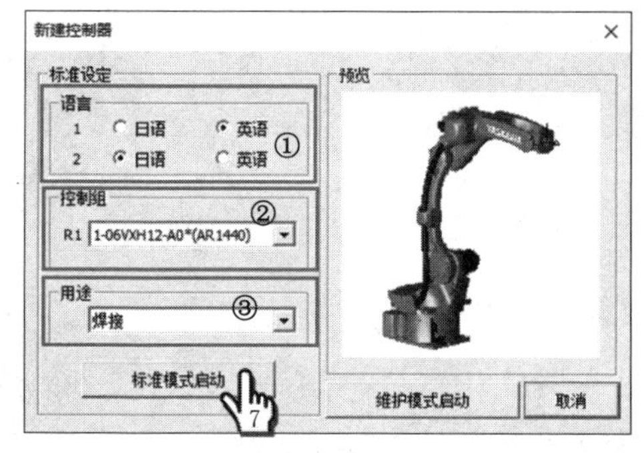

图 2-8

8）确定机器人名称及模型文件来源，此处直接单击“确认”按钮即可，如图 2-9 所示。

完成以上操作后，虚拟控制器重启，并以正常模式显示。创建的带虚拟控制器的工业机器人系统如图 2-10 所示。

9）最后，单击“保存”命令，对虚拟仿真工作站进行保存，以便下次可以快速进入，如图 2-11 所示。

图 2-9

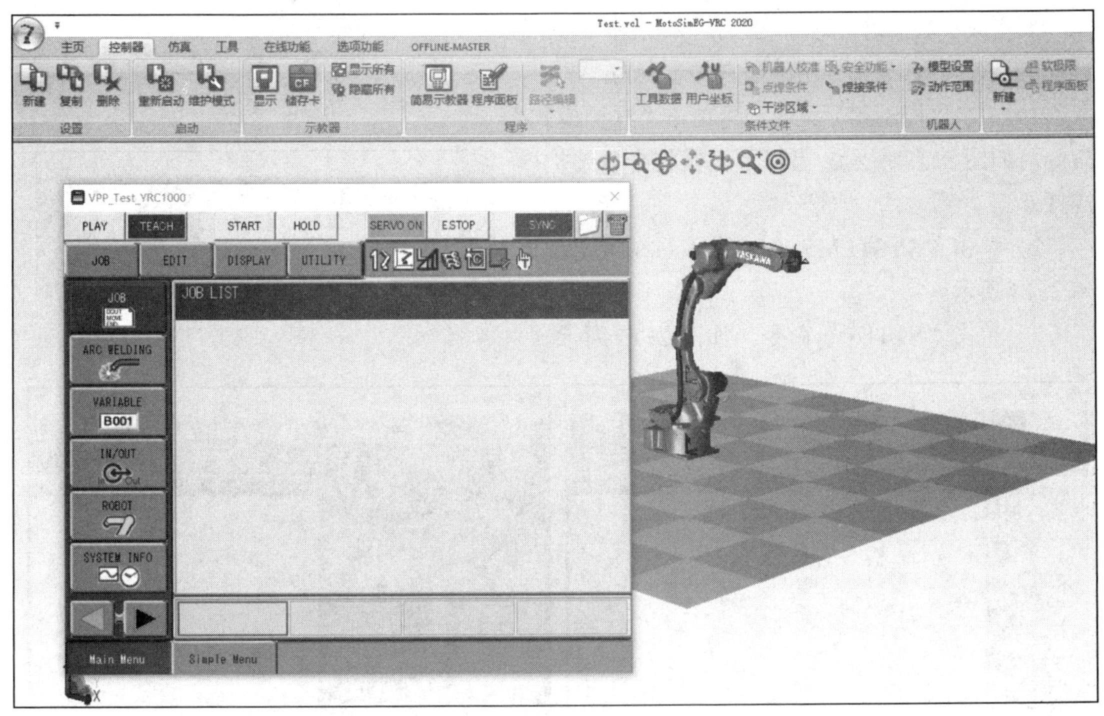

图　2-10

图　2-11

2. 虚拟示教器的打开操作

单击“控制器”菜单，在“示教器”子菜单中，单击“显示”示教器图标，可以打开虚拟示教器，如图 2-12 所示。

3. 示教器语言更改

图 2-12

要更改示教器语言，控制器需进入“维护模式”，MotoSimEG-VRC 软件中更改语言的步骤为：

1）单击“控制器”菜单，再单击“维护模式”命令，如图 2-13 所示。虚拟示教器将会以维护模式打开。

2）单击“SYSTEM”命令进入系统设定，如图 2-14 所示。

3）单击“SETUP”命令，如图 2-15 所示。

图 2-13

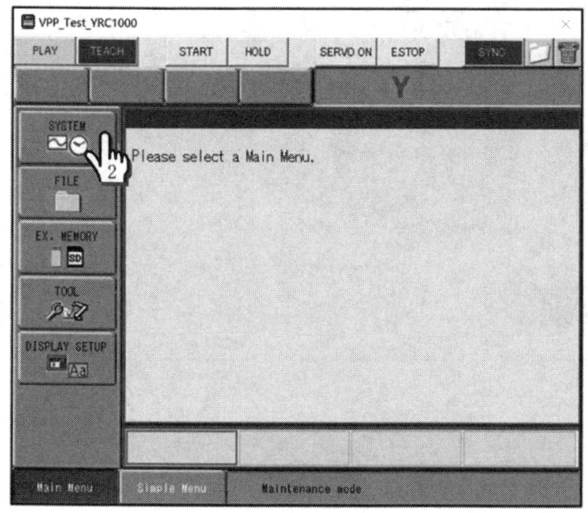

图 2-14

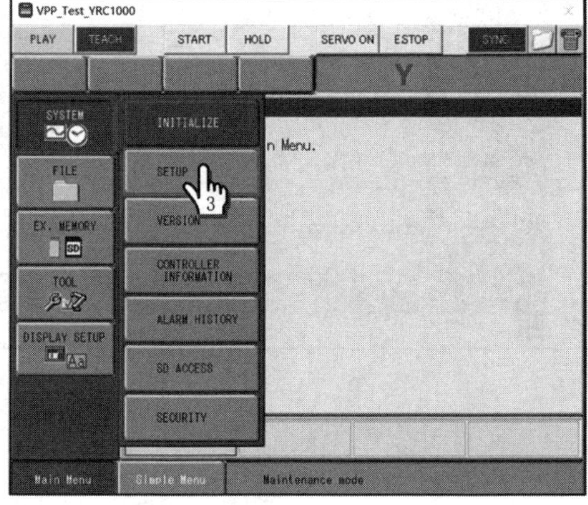

图 2-15

4）单击“LANGUAGE”命令，进入语言设定，如图 2-16 所示。

5）设置第一、第二语言，此处作者的示教器界面为英文，所以第一语言设为日语，如图 2-17 所示。

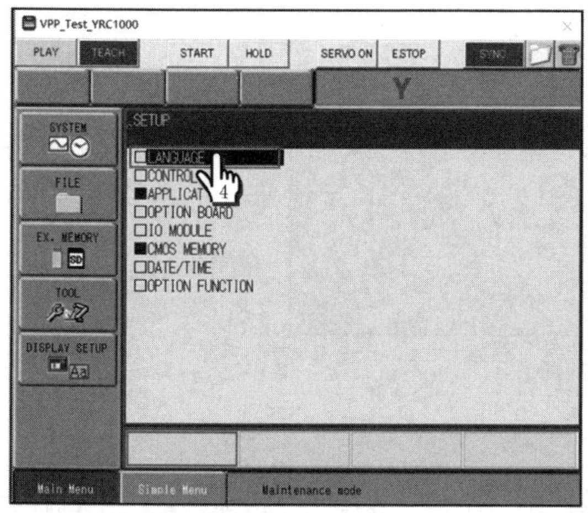

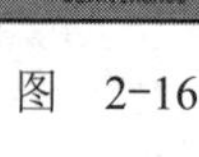

图 2-16

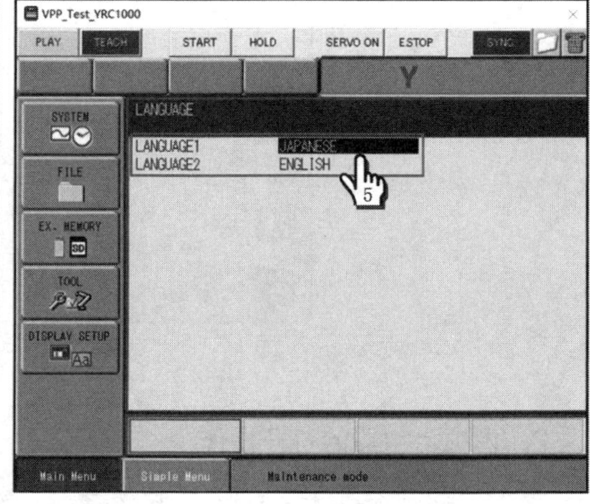

图 2-17

6）单击右上角示教器按键图标，打开虚拟示教器按键，如图 2-18 所示。

7）单击“ENTER”按钮，确认修改操作，如图 2-19 所示。

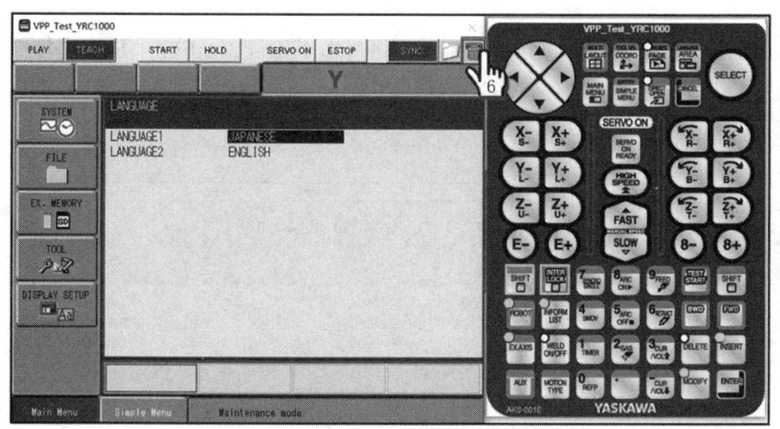

图　2-18

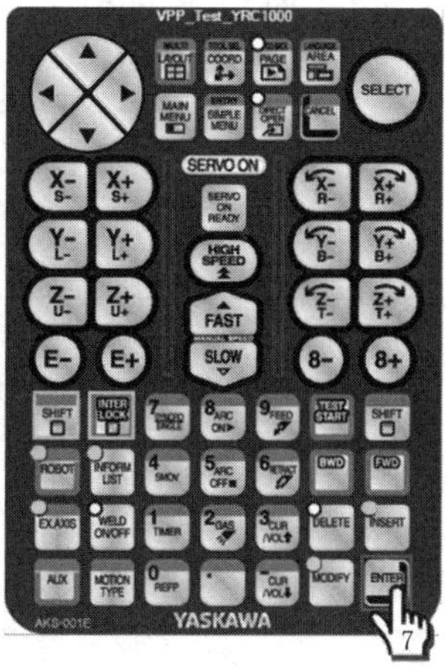

图　2-19

8）单击“YES”按钮，即可完成语言设定，如图 2-20 所示。更改语言后的示教器界面如图 2-21 所示。

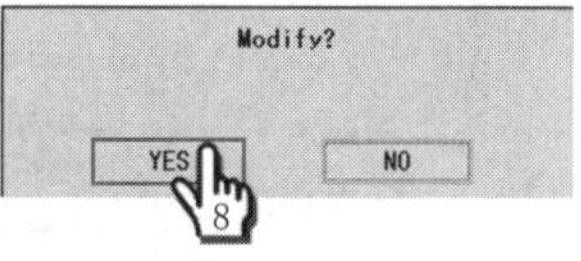

图　2-20

9）单击“结束”按钮，结束维护模式，如图 2-22 所示。虚拟示教器将会重启为正常模式。

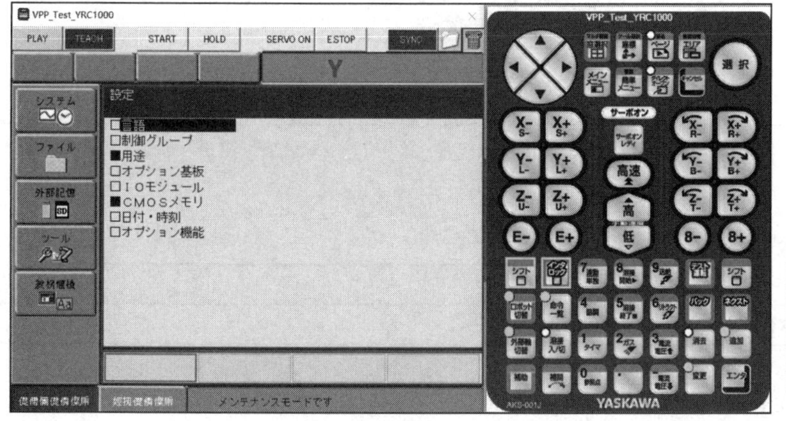

图　2-21

图　2-22

小贴士：

如果找不到图 2-22 所示窗口，可能是被虚拟示教器遮挡住，移开虚拟示教器即可。

以上为在仿真软件中进入维护模式更改语言的方法，如果要在真实安川工业机器人上进入维护模式，具体方法为：

1）在控制柜 POWEROFF 状态下按住示教器主菜单键。

2）控制柜通电，保持示教器主菜单键按下的状态，大概 30s。

3）通电完成后，示教器显示进入到维护模式。

2.2 仿真软件基础操作

2.2.1 软件界面介绍

本小节主要对 MotoSimEG-VRC 软件界面进行简单的介绍。MotoSimEG-VRC 软件主要分为菜单栏、视图窗、3D 视图操作栏、基坐标系方向参考图，如图 2-23 所示，相应介绍见表 2-2。

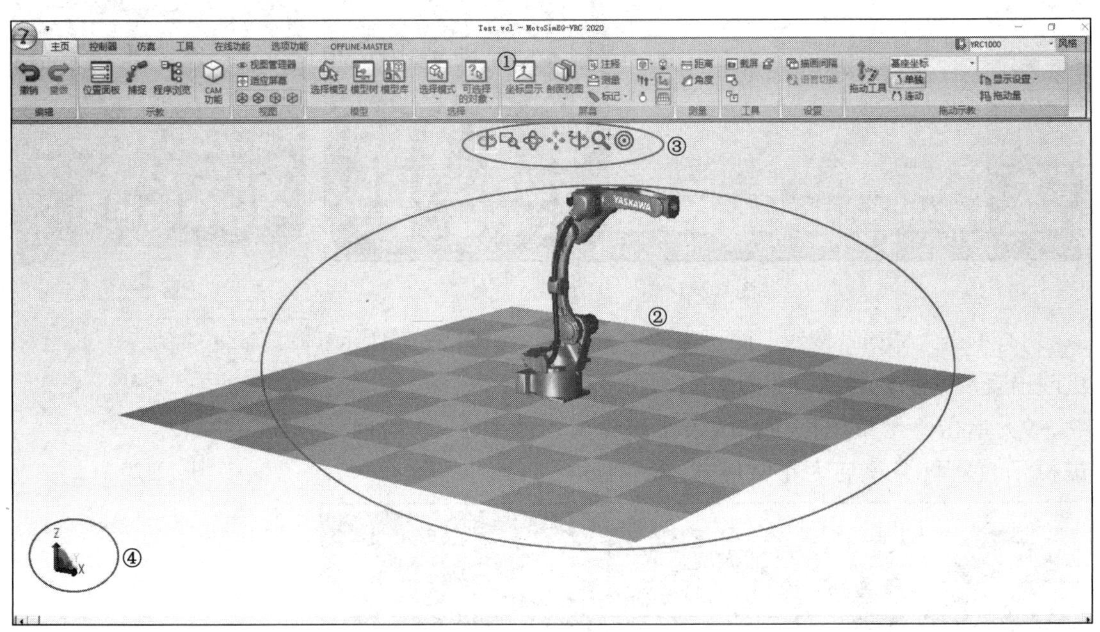

图 2-23

表 2-2

序　号	说　明
①	菜单栏，为软件的大多数功能提供功能入口
②	视图窗，显示工作站布局及机器人状态
③	3D 视图操作栏，用于进行平移、旋转等 3D 视图操作
④	基坐标系方向参考图，实时显示机器人基坐标系方向

菜单栏包含有主页（也称 HOME）控制器、仿真、在线功能、选项功能主菜单，在这里主要对主页、控制器、仿真进行介绍。

2.2.2 仿真软件 3D 视窗操作

仿真软件 3D 视窗操作常见的动作包含有旋转、平移、放大、缩小等，这些动作可以方便使用者在软件中的编程及调试。

MotoSimEG-VRC 软件视图窗上方的 3D 视图操作栏可以非常方便地进行一些常用视图操作，如图 2-24 所示。

图 2-24

下面从左到右对这些图标进行一一介绍。

1）：包含两种使用操作，一种是放大 / 缩小视图；另一种是视图绕着 Z 轴旋转。

放大和缩小视图：按住鼠标右键向上拖动鼠标实现视图放大，按住鼠标右键向下拖动鼠标实现视图缩小。

视图绕着 Z 轴旋转：按住鼠标右键左右拖动鼠标，实现视图绕着 Z 轴旋转（使用时图像处于视图中心为佳）。

2）：局部放大，按住鼠标右键，框选需要放大的局部特征，可以实现局部放大。

3）：垂直 / 水平旋转，按住鼠标右键，上下拖动实现视图垂直旋转，左右拖动实现视图水平旋转。

4）：平移操作，按住鼠标右键，视图根据鼠标拖动方向而移动。

5）（不常用）：包含两种使用操作，一种是放大 / 缩小视图；另一种是旋转视图，与 1）的操作类似。

6）（不常用）：放大 / 缩小视图，按住鼠标右键，向上拖动鼠标实现视图放大，向下拖动鼠标实现视图缩小。

7）：居中显示，在需要居中显示的点上右击（同时轻轻拖动），使其在视图中间进行显示。

小贴士：

无论处于何种视图操作模式，按住鼠标中键并拖动鼠标，都可以实现视图平移操作；滚动鼠标中键，都可以实现视图的放大 / 缩小。

除了以上介绍的 7 种手动视图操作外，在 HOME 菜单栏中的“视图”子菜单中还可以进行视图相关设定，如图 2-25 所示。

在“视图”子菜单中，可以使视图以等轴测、俯视图、侧视图、前视图的视角进行显示。单击“适应屏幕”命令，还可以使视图以合理大小显示。单击“视图管理器”命令，进入详细操作列表，还可以有更多的视角操作选择，并且可以使视图进行 ±90° 旋转，以及自定义视角，如图 2-26 所示。

对于 3D 视图的相关操作，并没有技术难点，但初学者一定要进行实际操作，才能真正掌握。

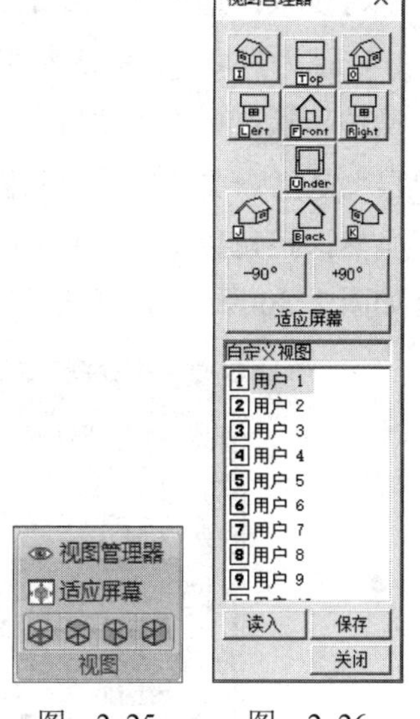

图　2-25　　图　2-26

小贴士：

当进行手动视图操作时，若视图处于一个难以恢复的姿态，此时可以单击“视图”列表中已定义的视角进行快速恢复。

2.2.3 HOME 菜单栏的各项操作

HOME 菜单栏中包含有编辑、示教、视图、模型、选择、屏幕、测量、工具、设置、拖动示教 10 个子菜单，每个子菜单中又包含有不同的操作。关于“视图”子菜单，在前面章节已有介绍，本小节将对其余子菜单进行介绍。

1. 编辑

“编辑”子菜单包含了撤销（Alt+Backspace）和恢复撤销（Ctrl+Y）两个操作，这是在很多软件中都常见的功能，如图 2-27 所示。

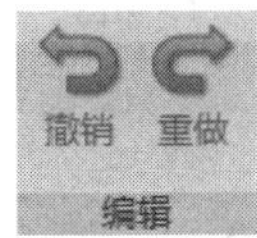

图 2-27

在 MotoSimEG-VRC 软件中需要注意的有如下几点：

1）撤销和恢复功能支持工业机器人的位置变化、Cad Tree（模型树窗口）和相机角度操作。

2）撤销和恢复功能生成的临时文件（.tmp）位于 MotoSimEG-VRC 软件安装文件夹的临时文件夹中。

3）正常关闭应用程序会自动删除这个文件夹中的所有临时文件，并不可还原。

2. 示教

“示教”子菜单栏包含了位置面板、捕捉、程序浏览、CAM 功能 4 个操作，如图 2-28 所示。其主要作用是方便软件中工业机器人的示教作业。

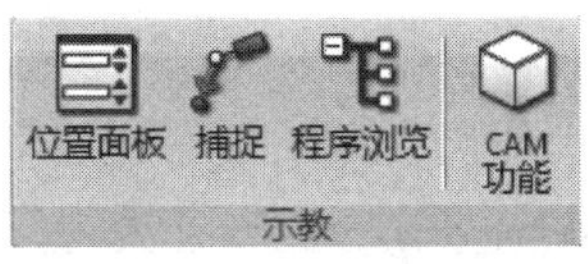

图 2-28

（1）位置面板　在“位置面板”命令操作中，选择的工业机器人在参考坐标下可以进行快速动作。可以进行如下小练习来加深对“位置面板”命令的了解。

练习要求：通过“位置面板”功能使工业机器人各关节轴动作至 S 轴为 90°、L 轴为 90°、U 轴为 -90°、R 轴为 0°、B 轴为 -90°、T 轴为 0°的姿态。

操作步骤：单击“位置面板”命令进入操作列表，按照图 2-29 所示进行设定（其中的“机器”是指需要动作的工业机器人），即可实现练习要求。

当然，还可以单击其中的“原点位置”按钮，使机器人快速回原点；在参考坐标中，也有如图 2-30 所示的多种选择。

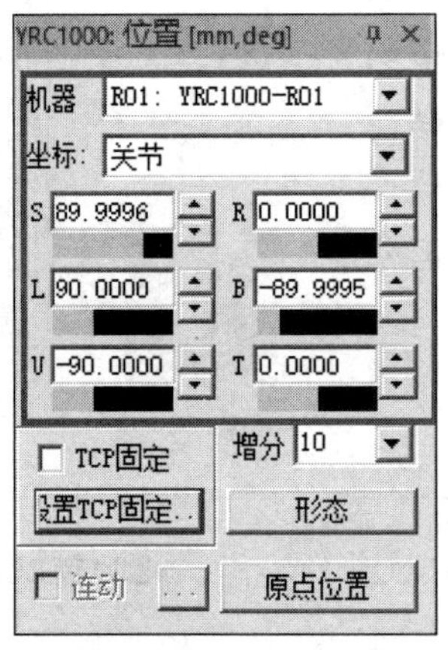

图 2-29

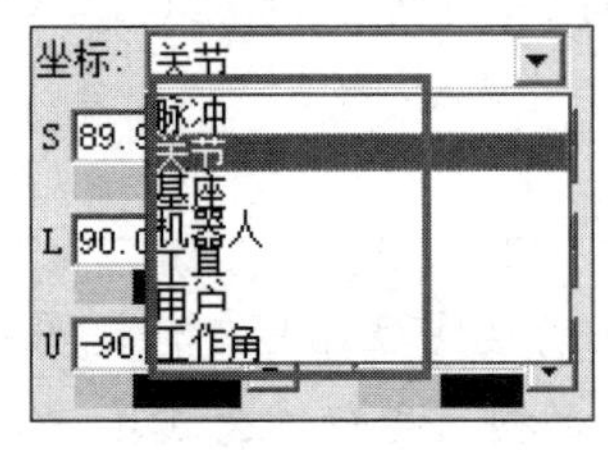

图 2-30

（2）捕捉　“捕捉”功能使工业机器人 TCP（tool center position，工具中心点）快速动作至鼠标捕捉的位置。鼠标能选择的对象可以是模型、坐标、线、点、地面；选择的方式可以有自由、中央、顶点、边缘。“捕捉”功能界面如图 2-31 所示。

有一点需要注意的是，只有捕捉的是工业机器人作业空间内的位置，工业机器人才能运动过去，否则会提示无法到达。

（3）程序浏览　“程序浏览”功能主要是对控制器的程序进行浏览，但是不能修改，此功能界面如图 2-32 所示。

图　2-31

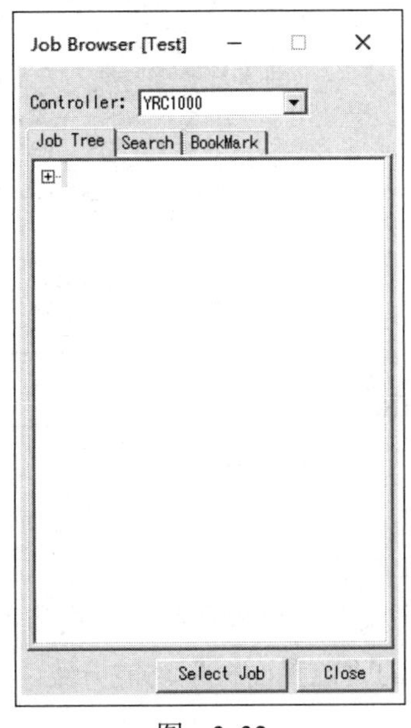

图　2-32

选择要查看程序的控制器后，单击“Job Tree”选项卡会显示出示教程序；在“Search”选项卡中可以对控制器进行查看，右击还可以添加机器人程序以及备注等；在“BookMark”选项卡中可以添加程序标签。

（4）CAM 功能　CAM 软件系统提供一种交互式编程并产生加工轨迹的方法，它包括路径规划、工具设定、工艺参数设置等相关内容。

3. 模型

“模型”子菜单包含了选择模型、模型树、模型库等功能，如图 2-33 所示，它主要是用于对模型的管理。

（1）选择模型　在模型上任何一点单击，可以实现对模型的选择。

（2）模型树　通过“模型树”功能，可以对视图中模型的结构分布及相互关系进行查看。如图 2-34 所示为工业机器人各关节轴之间的

选择模型　模型树　模型库

模型

图　2-33

模型结构通过模型树的形式展示出来。

（3）模型库　通过“模型库”功能，可以向视图中添加软件自带的模型。“模型库”中将模型分成了多种类别，如图 2-35 所示，每个类别中包含了对应模型，双击它们，可以添加至视图当中。

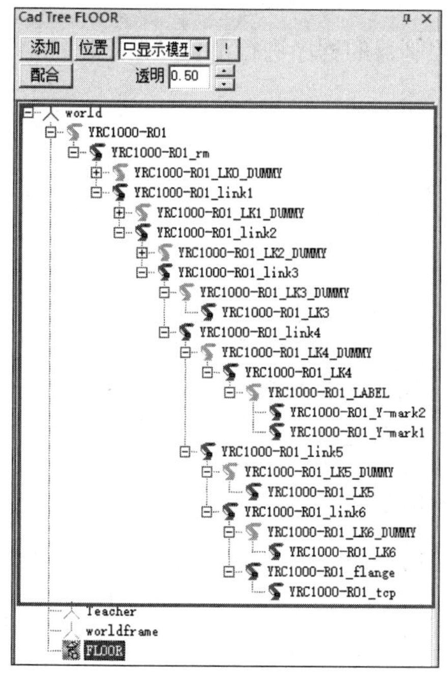

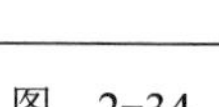
图　2-34

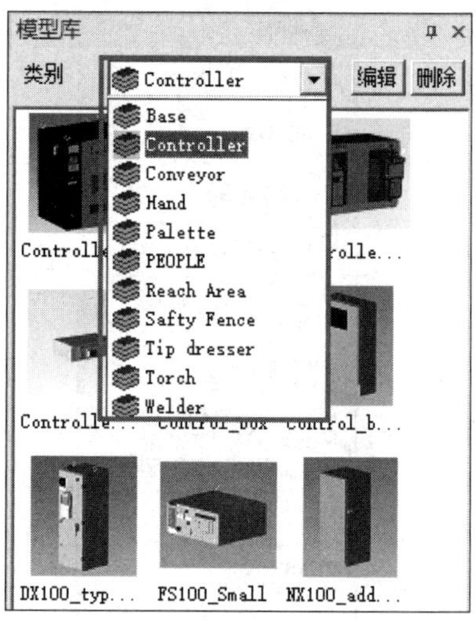

图　2-35

4. 选择

“选择”子菜单中包含有选择模式和可选择的对象两个功能，如图 2-36 所示。它与“示教”子菜单中的“位置面板”功能一致。

5. 屏幕

“屏幕”子菜单主要用于标记和坐标显示等，如图 2-37 所示。

（1）坐标显示　此功能主要用于是否显示 AXIS6 坐标。

（2）剖面视图　根据坐标系 X 轴 /Y 轴 /Z 轴进行剖视图显示，如图 2-38 所示。

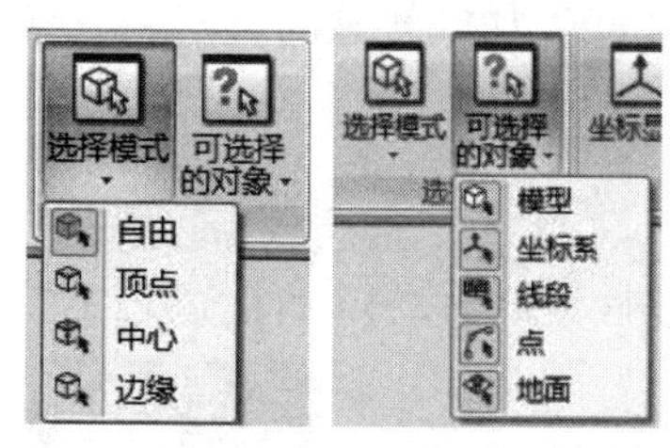

图　2-36

图　2-37

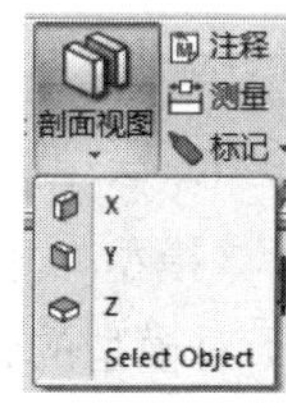

图　2-38

说明：当选中“X”轴时，将会以 Y 轴和 Z 轴所形成的平面对视图进行剖面形成，并保留 X 轴正方向那边的视图，如图 2-39 所示；当选中“Y”轴时，将会以 X 轴和 Z 轴所形成的平面对视图进行剖面形成，并保留 Y 轴正方向那边的视图，以此类推。X 轴 /Y 轴 /Z 轴可以同时选择。

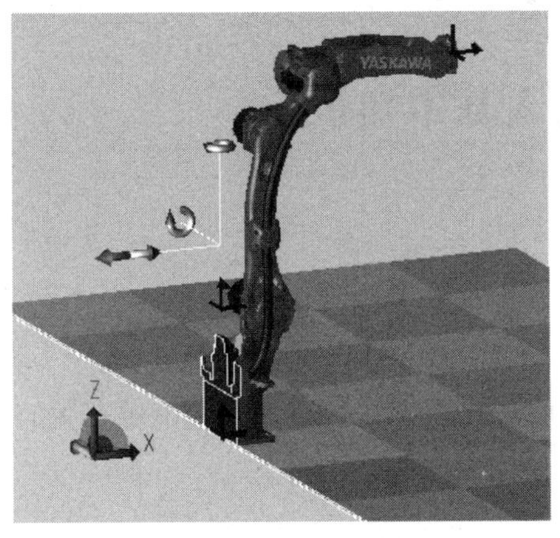

图　2-39

（3）注释、测量、标记　分别对视图添加注释、测量线性长度以及进行标记（可以是直线、圆、矩形或文本）。

添加注释的步骤为：选中“注释”功能，在视图中需要添加注释的地方单击，会出现注释框，右击注释框，在弹出的菜单中单击“编辑”命令，即可添加注释文本，如图 2-40 ～图 2-43 所示。

图　2-40

图　2-41

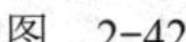

图　2-42

图　2-43

添加“标记”的操作步骤为：选择需要添加的标记类型，在视图中单击即可进行绘制。需要注意的是，当转换视图后，标记会自动消失。

（4）其他功能　描画模式：对显示效果进行设定，分为简易、精细、线框等。

线幅：对坐标系的显示大小进行设定。

光源管理：调整模型显示亮度。
阴影：给模型增加阴影。
参考三重轴：显示 / 隐藏世界坐标系。
透视图：显示效果的切换。

2.3 安川工业机器人基本知识

2.3.1 控制柜与示教器

1. YRC1000 控制柜

从 YRC1000 控制柜正面可以看到，它包含有主电源开关、主电源电线、急停按钮、示教器挂钩、示教器线缆接口，如图 2-44 所示。

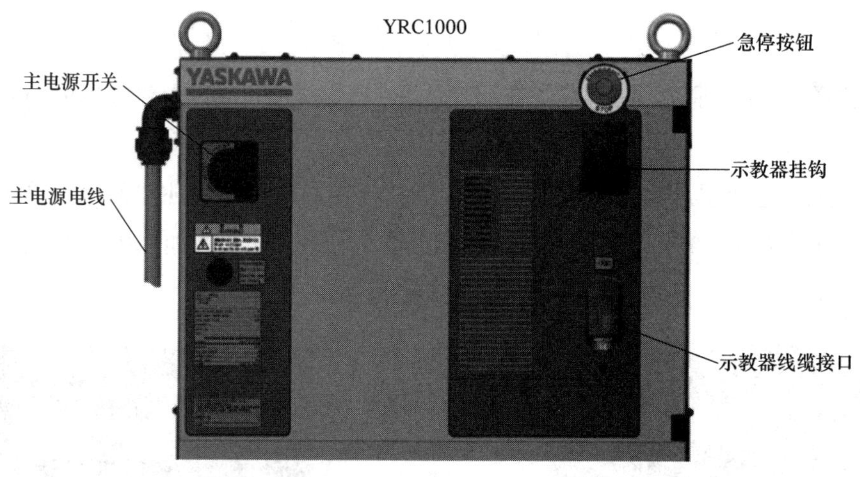

图 2-44

除此之外，YRC1000 控制柜背面还有与工业机器人相连的电源线接口，如图 2-45 所示。

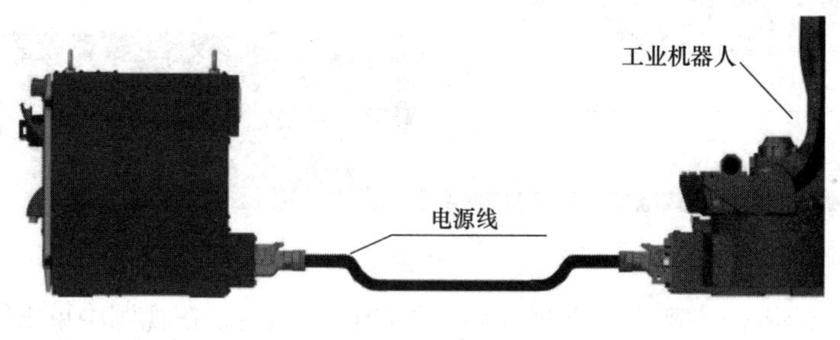

图 2-45

2. 示教器

示教器说明见表 2-3 和图 2-46。

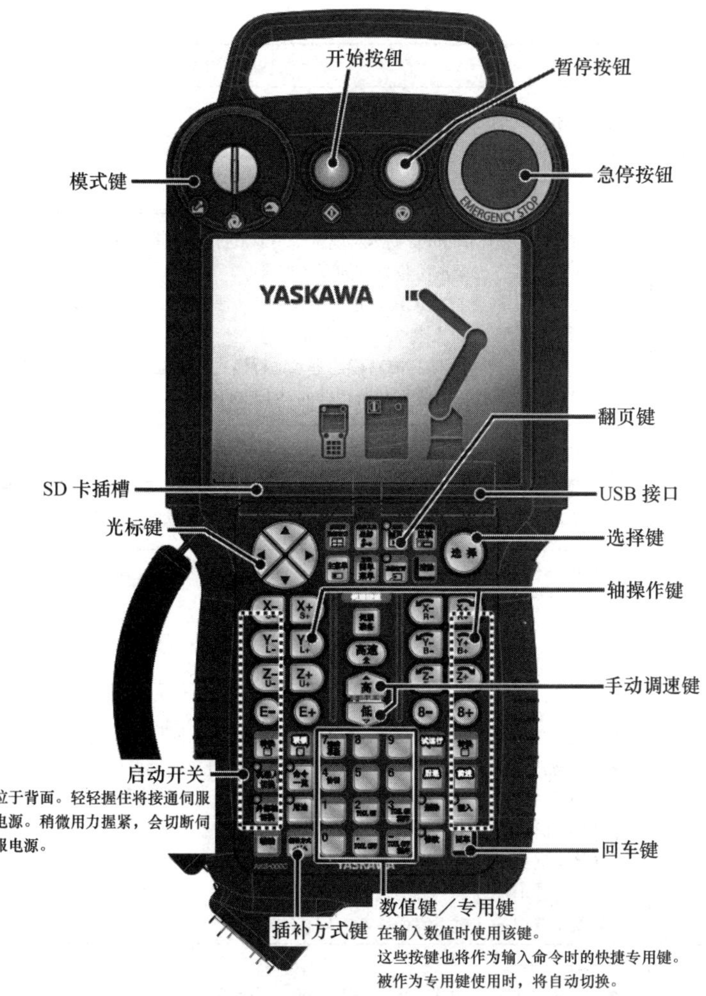

图　2-46

说明：SD 卡插槽、USB 接口、启动开关皆位于示教器背面，其中启动开关有两个（位于示教器左右两边），按下其中任意一个皆可实现启动通电。

表　2-3

按钮 / 按键	说　明
[开始]	按下该按钮，机器人开始再现动作 ● 再现动作中，该按钮的灯亮 使用专用输入信号启动再现动作时，开始按钮的灯也会亮 ● 因为发生警报或者暂停、模式切换，再现动作停止的话，开始按钮的灯会熄灭
[暂停]	按下该按钮，正在动作的机器人会暂停动作 ● 该按钮适用于任何模式 ● 该按钮的灯，只在按钮被按下的期间亮，一旦手松开，灯就熄灭。即使灯熄灭，直到机器人接收到下次的开始指示，都会一直处在停止状态 ● 暂停按钮的灯在以下情况也会自动亮起，系统通知为暂停 此外，灯亮时，不可以进行开始和轴操作 1．专用输入信号的暂停信号为 ON 时 2．远程时，外部设备要求暂停时 3．各个作业引起的停止状态时（例如弧焊时焊接异常等）

（续）

按钮 / 按键	说　明
[急停]	按下该按钮，伺服电源被切断 ● 切断伺服电源，示教编程器的伺服接通 LED 灯会熄灭 ● 显示屏显示急停信息
[模式]	旋转该按钮，选择 [PLAY]，进入再现模式。可以进行示教完成的程序的再现 ● 再现模式下，无法接收外部的开始信号 旋转该按钮，选择 [TEACH]，进入示教模式。使用示教编程器可以进行轴操作或编辑作业 ● 示教模式下，无法接收外部的开始信号 旋转该按钮，旋转至 [REMOTE]，进入远程模式。通过外部输入信号进行的操作有效 ● 远程模式下，不接收示教编程器的 [START] 指令
[启动开关]	握下该开关，接通伺服电源 ● 伺服接通 LED 灯闪烁以及模式键处于 [TEACH] 时，轻轻握下启动开关就接通伺服电源 ● 接通伺服电源状态下松开启动开关，或者进一步紧握时，会切断伺服电源
[选择]	项目选择按钮 ● 在主菜单区域，在菜单区域选择菜单项目 ● 在通用区域，可以设定已选择的项目 ● 在信息区域，显示多条信息
[光标键]	按下该键，可以移动光标 ● 光标的大小和可移动范围、场所根据界面不同有所差异 ● 在程序界面中，光标在「NOP」行时，按下 [↑] 键，可以移动到「END」行。 同时按下： [转换] 键 +[↑] 键　以屏幕为单位往上滚动 [转换] 键 +[↓] 键　以屏幕为单位往下滚动 [转换] 键 +[→] 键　界面往右方向移动 [转换] 键 +[←] 键　界面往左方向移动
[主菜单]	显示主菜单 ● 在主菜单显示的状态下，按下该键，可以隐藏主菜单 同时按下： [主菜单] 键 +[↑] 键　界面的亮度会提亮 [主菜单] 键 +[↓] 键　界面的亮度会变暗
[简单菜单]	显示简单菜单 ● 在简单菜单显示的状态下，按下该键，可以隐藏简单菜单 ● 同时按下 [转换] 键 +[简单菜单] 键　通用区域显示的布局内容会登录在用户自定义菜单上 ● 长按持续 3s　按下 [简单菜单] 键，显示弹出式窗口画面
[伺服准备]	按下该键，伺服电源接通有效 ● 因为急停、超程，伺服电源被切断时，按下该键，使伺服电源接通有效 ● 按下该键： 1. 再现模式时，安全护栏关闭时，伺服电源被接通 2. 示教模式时，伺服接通 LED 灯闪烁，启动开关为 ON 时，接通伺服电源 3. 伺服电源接通期间，伺服接通 LED 灯亮起
[消除]	解除当前状态的按键 ● 在主菜单区域、菜单区域，删除子菜单 ● 在通用显示区域，删除正在输入的数据或输入的状态 ● 解除在信息区域的多条显示 ● 解除发生的错误 同时按下 [转换] 键 +[清除] 键，程序显示界面，有效启用撤销功能时，会显示帮助菜单

（续）

按钮 / 按键	说　明
[多画面]	多画面显示用的按键。在多画面模式显示时，按下 [多画面] 键，活动画面就会按顺序替换 同时按下 [转换] 键 +[多画面] 键，在多画面模式显示时，多画面显示和单画面显示画面可以交替切换
[坐标]	手动操作工业机器人时，选择动作坐标的按键 ● 可在关节、直角、圆柱、工具、用户和示教线 6 种坐标系中选择 每次按该键，坐标系会按下面顺序变化： 关节→直角 / 圆柱→工具→用户→示教线（只用于弧焊） ● 选择完的坐标系显示在状态显示区域 同时按下： [转换] 键 +[坐标] 键　然后选择“工具”或“用户”，可更改坐标编号
[直接打开]	按下该键，显示和当前操作有关的内容 ● 显示程序内容时，光标键移动到命令上，按下该键，显示和该命令相关的内容，具体为： CALL 命令：被调用的程序内容 作业命令：正使用的条件文件的内容 输入输出命令：输入输出状态 ● 启用直接打开命令时，[直接打开] 灯亮起。灯亮起时，按下 [直接打开] 键，会回到原界面
[翻页]	按下该键，每按一次会显示下一页 ● 只有在翻页键亮灯时，才可以切换页面 同时按下： [转换] 键 +[翻页] 键　显示切换到上一页面
[区域]	按下该键，显示光标会按“菜单区域”→“通用区域”→“信息区域”→“主菜单区域”的顺序移动。但是没有显示项目时，无法移动光标 同时按下： [转换]+[区域] 双语功能有效时，可以切换语言（双语功能：可选） [区域]+[↓] 显示操作键时，光标从通用显示区域移动到操作键 [区域]+[↑] 光标在操作键时，光标移动到通用显示区域
[转换]	其他键和该键同时按下时，可以使用其他功能 可以和 [转换] 同时按的按键包括： [简单菜单][帮助][多画面][坐标][区域][插补方式][光标键][数字键][机器人切换][外部轴切换] 关于同时按下的功能，请参阅各个按键的说明
[联锁]	其他键和该按键同时按下时，可以使用其他功能 可以和 [联锁] 同时按的按键包括： [帮助][试运行][前进][数字] 键（数字键专用功能）、[机器人切换] 关于同时按下时的功能，请参阅各个按键的说明
[命令一览]	在程序编辑过程中，按下该键，显示可以使用的命令一览
[机器人切换]	切换轴操作时的机器人轴 ● 按下该键，可以进行机器人轴的轴操作 ● 在一台 YRC1000 控制柜控制多台机器人的系统或有外部轴的系统中有效 同时按下： [转换] 键 +[机器人切换] 键　轴操作时的机器人轴切换到没有登录当前选中的程序的机器人轴 [联锁] 键 +[机器人切换] 键　1 台机器人被设定有多种用途时，切换使用用途

（续）

按钮 / 按键	说　明
[外部轴切换]	切换轴操作时的外部轴 ● 按下该键，可以对外部轴（基座轴 / 工装轴）进行轴操作 ● 在外部轴的系统中有效 同时按下： [转换] 键 +[外部轴切换] 键　轴操作时的机器人轴切换到没有登录当前选中的程序的外部轴
[插补方式]	指定再现时机器人的插补方式 ● 选择的插补方式的种类显示在显示屏的输入缓冲行上 ● 每次按该键，插补方式会按下列顺序变化 MOVJ → MOVL → MOVC → MOVS → …
[辅助]	呼叫功能 同时按下： [联锁] 键 +[辅助] 键　显示确认触摸屏有效，无效的对话框 [转换] 键 +[辅助] 键　显示程序内容时，呼叫焊接线管理表功能（只弧焊用途时）
[试运行]	该键和 [联锁] 同时按下时，机器人连续动作，可以确认示教完的程序点 ● 机器人会在 3 种循环（连续、单循环、单步）中，按照当前选定的循环方式动作 ● 机器人按照示教速度动作。但是，示教速度超过示教最高速度时，以示教最高速度动作 同时按下： [联锁] 键 +[试运行] 键　机器人会按照已示教的程序点进行连续动作。在此连续动作时，如果松开 [试运行] 键，机器人停止动作
[前进]	仅在此按键被按下的期间，机器人会按示教的程序点动作 ● 只执行移动命令 ● 机器人按照已选择的手动速度动作。在进行操作前，请确认手动速度是否为所要求的内容 同时按下： [联锁] 键 +[前进] 键　也执行移动命令以外的命令 [参考点] 键 +[前进] 键　机器人移动到光标所示的参考点处
[后退]	仅在此按键被按下的期间，机器人会按示教程序点的反方向动作 ● 仅执行移动命令 ● 机器人按照已选择的手动速度进行运动。在进行操作前，请确认手动速度是否为所要求的内容
[删除]	一旦按此键，已录入的命令就被取消 ● 此按键灯亮时，按下 [回车] 键，完成删除
[插入]	按下该按键，插入新的命令 ● 此按键灯亮时，按下 [回车] 键，完成插入
[修改]	按此键，更改示教结束位置的数据、命令 ● 此按钮灯亮时，按下 [回车] 键，完成更改

（续）

按钮 / 按键	说　明
[回车]	执行命令、数据的录入。对机器人所处位置的录入，编辑操作等相关处理时，进行最终决定的按键 ● 输入缓冲所显示的命令或数据，一旦按下 [回车] 键，就被输入到显示器光标所示位置，完成对此处内容的录入、插入、更改等
手动速度 [高]、[低]	此按键为手动操作时，设定机器人动作速度的键。此处设定的速度对于前进、返回动作均有效 ● 手动速度可以选择 3 状态（低速、中速、高速）和微动进给。每按此键，可以按如下顺序，变化手动速度的设定，选择的速度会显示在显示器状态显示区域。 每次按下 [高]： 微动→低→中→高 每次按下 [低]： 高→中→低→微动
[高速]	手动操作时，一边按下 [轴操作键] 其中的任意键，一边按此键，在按键的期间，机器人会以高速移动，无须更改速度 ● 按下此键时的速度为事先设定
[轴操作键]	用途为操作机器人各轴的按键 ● 只在 [轴操作键] 按下的期间，机器人动作 ● [轴操作键] 可以同时进行 2 种类型以上的操作 ● 机器人按选择的坐标系以及选择的手动速度进行动作。在进行轴操作前，请确认坐标系和手动速度是否为所要求的内容 ● [E−][E+][8−][8+] 按键可以对配置的外部轴的任意轴，进行轴操作，如果没有配置，按键无效
[数字键]	输入状态下，按下这些按键，可以输入按键左上方的数字或是符号 ● “.”是小数点、“−”是减号或是连字短横线符号 ● [数字键] 也可作为用途键使用。详细内容请参考各用途相关说明

2.3.2　示教器界面与状态区

1. 示教器界面

示教编程器的显示屏为 5.7in 的彩色显示屏。可用文字有英文字母、数字、符号、片假名、平假名、汉字。其分为菜单栏、状态栏、通用显示区、主菜单栏、信息显示区，如图 2-47 所示。

操作时所显示的界面中，都会附有界面标题。界面标题将显示在通用显示区的左上方，如图 2-48 所示。

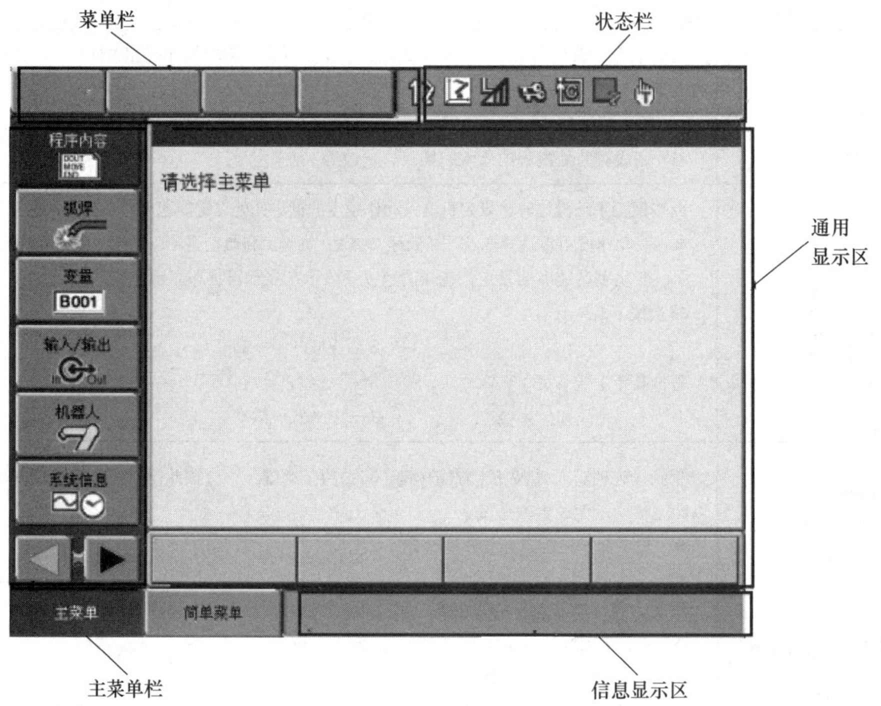
菜单栏
状态栏
程序内容
请选择主菜单
弧焊
变量
B001
输入/输出
机器人
系统信息
通用
显示区
主菜单
简单菜单
主菜单栏
信息显示区
图 2-47

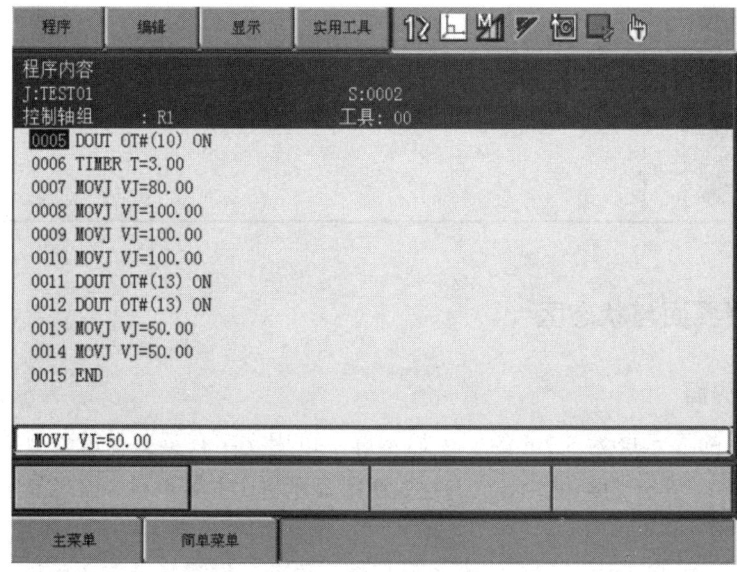
程序
编辑
显示
实用工具
程序内容
J:TEST01
S:0002
控制轴组 : R1
工具: 00
0005 DOUT OT#(10) ON
0006 TIMER T=3.00
0007 MOVJ VJ=80.00
0008 MOVJ VJ=100.00
0009 MOVJ VJ=100.00
0010 MOVJ VJ=100.00
0011 DOUT OT#(13) ON
0012 DOUT OT#(13) ON
0013 MOVJ VJ=50.00
0014 MOVJ VJ=50.00
0015 END
MOVJ VJ=50.00
主菜单
简单菜单
图 2-48

2. 示教器状态栏

状态栏中会显示控制柜状态的相关数据，如图 2-49 所示。

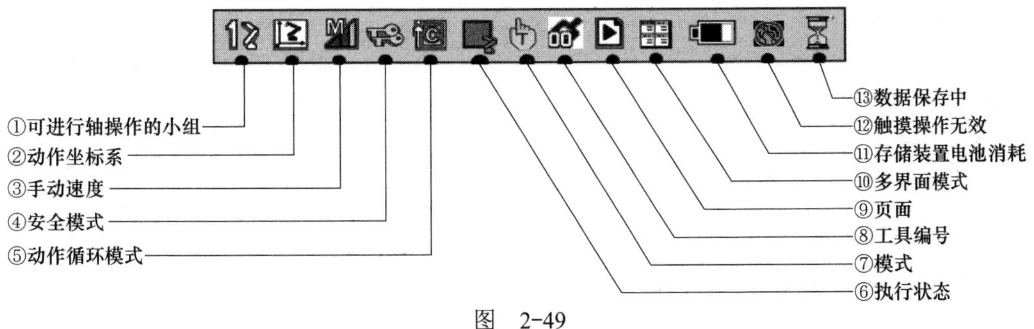

图　2-49

（1）可进行轴操作的小组　当系统带有工装轴，或是有多台工业机器人时，将显示出可进行轴操作的控制组。

～：最多 8 台（机器人）。

～：最多 8 轴（基座）。

～：最多 24 轴（工装）。

（2）动作坐标系　显示轴操作时的坐标系。

：关节坐标系。

：直角坐标系。

：圆柱坐标系。

：工具坐标系。

：用户坐标系。

：示教线坐标系（仅用于弧焊）。

（3）手动速度　显示轴操作时的速度。

：微动。

：低速。

：中速。

：高速。

（4）安全模式

：操作模式。

：编辑模式。

：管理模式。

：安全模式。

：一次性管理模式。

（5）动作循环模式　显示当前的动作循环模式。

：单步。

：单循环。

：连续。

（6）执行状态　显示当前状态，所显示状态有停止中、暂停中、急停中、警报中、运动中。

：停止中。

：暂停中。

：急停中。

：警报中。

：运动中。

（7）模式

：示教模式。

：再现模式。

2.3.3　三种动作模式的手动操纵（伺服通电、速度调整）

手动操纵安川工业机器人动作有三种动作模式，分别是轴运动、线性运动和重定位运动。要手动操纵工业机器人动作，工业机器人需处于示教模式、伺服通电状态并选择对应的坐标系。

1. 伺服通电方法

安川工业机器人在刚开机或发生急停、超程等事件时，伺服电源处于被切断状态，此时按下启动开关是无法直接接通伺服电源的。要进行伺服通电，需按下伺服准备按键，此时伺服准备按键灯会闪烁，再次按下启动开关可以接通伺服电源。

2. 轴运动

在关节坐标系中，通过轴操作键控制工业机器人各个轴进行运动的模式，称为轴运动。每个轴操作键与工业机器人轴运动的对应关系见表 2-4。

表　2-4

轴名称		轴操作	动　作
基本轴	S 轴	X- S-　X+ S+	本体左右旋转
	L 轴	Y- L-　Y+ L+	下臂前后运动
	U 轴	Z- U-　Z+ U+	上臂上下运动
手腕轴	R 轴	X- R-　X+ R+	手腕旋转
	B 轴	Y- B-　Y+ B+	手腕上下运动
	T 轴	Z- T-　Z+ T+	手腕旋转
E 轴	E 轴	E-　E+	下臂旋转

同时按下多个轴操作键，工业机器人将进行复合动作。但是当同时按下任意轴的两个

相反方向按键，比如 [S−] 键 +[S+] 键，此时工业机器人会停止不动。

E 轴是 7 轴工业机器人的第 7 轴，在 6 轴工业机器人上此按键无效。每个轴的动作示意如图 2−50 所示。

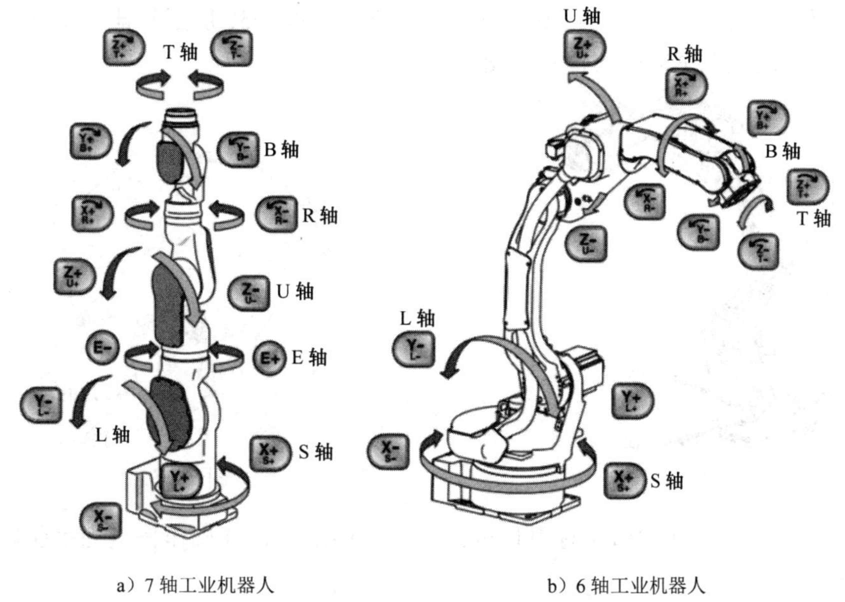

a）7 轴工业机器人　　　b）6 轴工业机器人

图　2−50

3. 线性运动

手动操纵工业机器人线性运动，是指工业机器人工具 TCP 在笛卡儿直角坐标系中沿着 X 轴、Y 轴、Z 轴进行线性运动的运动方式。在安川工业机器人各坐标系中，直角坐标系（本体轴）、工具坐标系、用户坐标系都属于笛卡儿直角坐标系。

坐标系各轴的线性运动与示教器轴按键的对应关系见表 2−5。

表　2−5

轴　名　称		轴　操　作	动　　作
基本轴	X 轴	X− S− / X+ S+	平行 X 轴移动
	Y 轴	Y− L− / Y+ L+	平行 Y 轴移动
	Z 轴	Z− U− / Z+ U+	平行 Z 轴移动

与轴运动一样，如果同时按下多个轴操作键，工业机器人将进行复合动作。但是当同时按下任意轴的两个相反方向按键，比如 [X−] 键 +[X+] 键，此时工业机器人会停止不动。

在手动线性运动中，只有基本轴对应的轴操作键有效，手腕轴对应的轴操作键与线性运动无关。

当工业机器人手动线性运动参考坐标系为直角坐标系，工业机器人将平行于本体轴的

X 轴、Y 轴、Z 轴进行动作，关于本体轴的坐标系方向，如图 2-51 所示。

4. 重定位运动

重定位运动，在安川工业机器人中也称为固定控制点操作。其动作表现形式为工业机器人绕着工具前端位置（TCP）做姿态调节的运动。如图 2-52 所示机器人姿态纵然进行了变化，但工具控制点在空间中的位置不变。

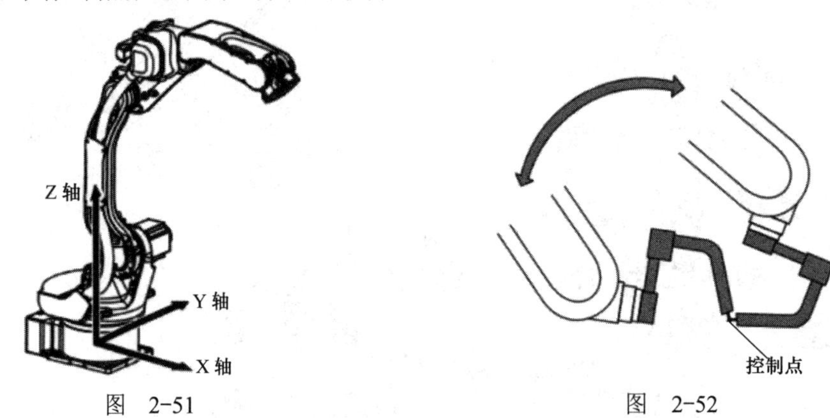

图 2-51　　　　图 2-52

重定位运动可以在除关节坐标系以外的坐标系中进行，其操作按键为手腕轴对应的按键，见表 2-6。

表 2-6

轴名称	轴操作	动作
手腕轴	X- R- / X+ R+	固定控制点后，仅改变工具的姿势 在已指定的坐标系的坐标轴周边改变工具姿势
	Y- B- / Y+ B+	
	Z- T- / Z+ T+	
E 轴	E- / E+	※只限 7 轴机器人 在工具有效位置，改变已固定姿势的机器人手臂（改变 *Re* 角度。）

注：*Re* 是指 7 轴机器人工具有效位置的动作姿势，不会因指定的坐标系不同而发生改变。*Re* 的定义如图 2-53 所示。

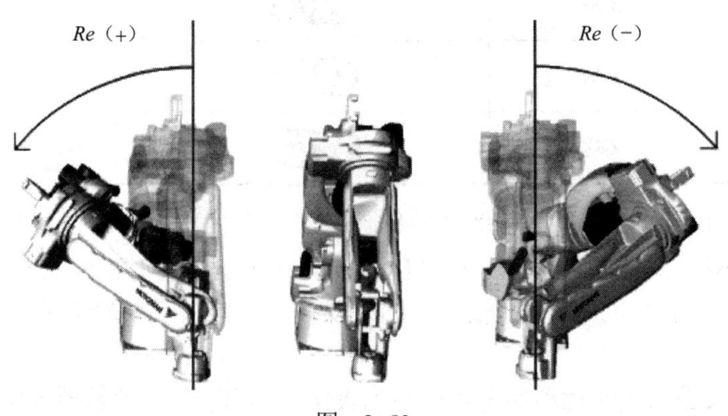

图 2-53

特别需要注意的是，重定位运动在不同的参考坐标系下的动作方式是有所不同的。

在直角 / 圆柱坐标系中，重定位运动以本体轴的 X 轴、Y 轴、Z 轴为基准做旋转动作，如图 2-54 所示。

在工具坐标系中，以工具坐标系的 X 轴、Y 轴、Z 轴为基准做旋转动作，如图 2-55 所示。

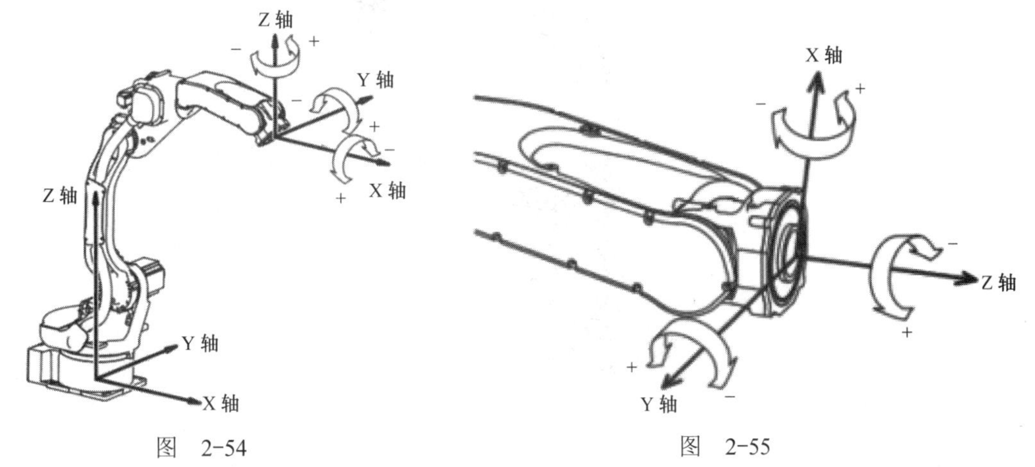

图　2-54　　图　2-55

在用户坐标系中，以用户坐标系的 X 轴、Y 轴、Z 轴为基准做旋转动作，如图 2-56 所示。

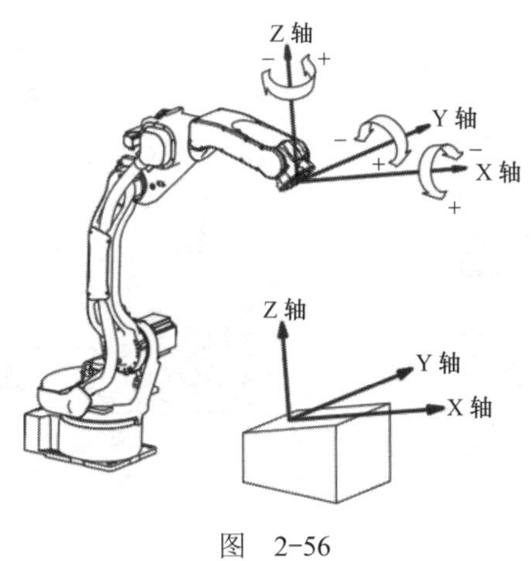

图　2-56

2.3.4　安川工业机器人坐标系

在前面的内容中，对安川工业机器人的动作坐标系有了基本了解，并且可以通过示教器上的 [坐标] 按键，以“关节→直角 / 圆柱→工具→用户→示教线”的顺序对坐标系进行切换。因 2.3.3 小节中已经对关节坐标系以及直角坐标系进行了讲解，本小节，仅对其余坐标系进行介绍。

1. 圆柱坐标系

（1）圆柱坐标系　圆柱坐标系三个轴分为θ轴、r轴和Z轴，其中Z轴与本体轴的Z轴相重合，而θ轴和r轴会随着机器人的动作而变化，如图2-57所示。

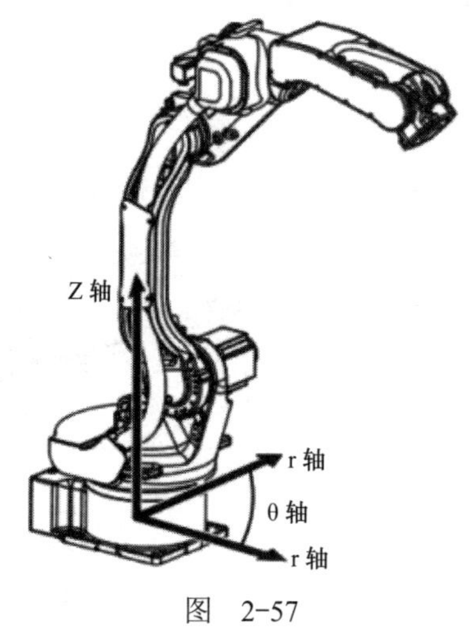

图　2-57

在圆柱坐标系下，沿着θ轴动作相当于绕着Z轴做旋转运动（等同于轴运动中的S轴动作），沿着r轴动作相当于垂直于Z轴做线性运动，图2-58a所示为沿着θ轴动作，图2-58b所示为沿着r轴动作。

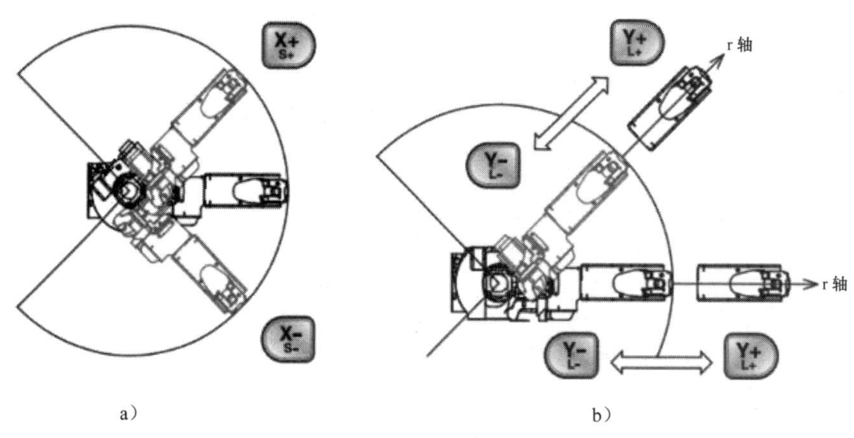

图　2-58

（2）圆柱/直角坐标系切换方法　在坐标切换中，圆柱/直角坐标系是无法同时进行使用的，需要设定为对应坐标系才能进行使用。在这里，作者对直角坐标系切换为圆柱坐标系的步骤进行介绍。

首先，进入“主菜单”，单击“设置”命令，在界面中找到“示教条件设定”命令，单击后把光标移至弹出界面当中的“直角/圆柱坐标选择”，单击示教器的“选择”按键即可将直角坐标系切换为圆柱坐标系。如图2-59～图2-60所示。

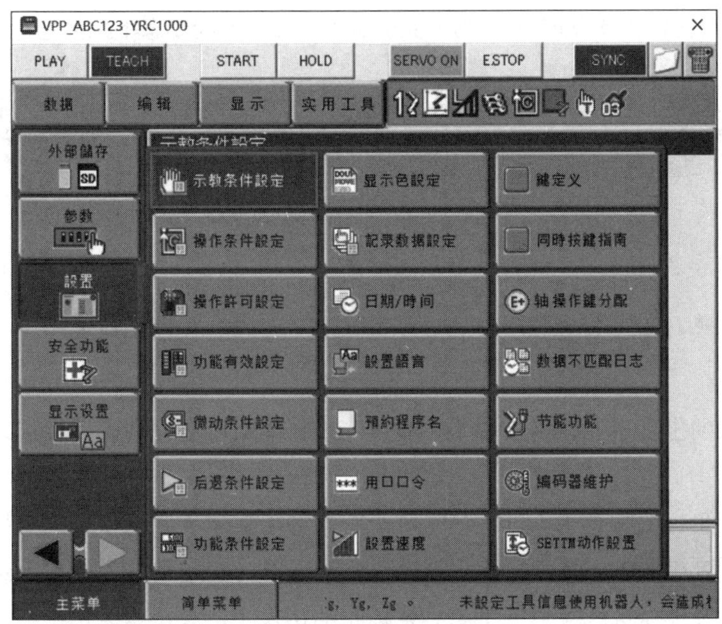

图　2-59

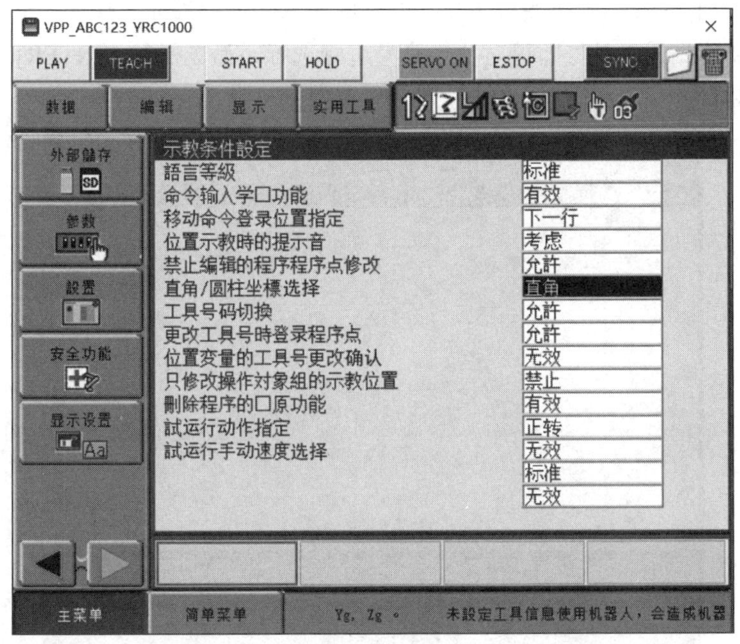

图　2-60

2. 工具坐标系

工具坐标系，简而言之，就是建立在工具执行末端的笛卡儿直角坐标系。对于安装在工业机器人法兰盘上的工具，在其上定义的工具坐标系为活动坐标系，其坐标系 X 轴、Y 轴和 Z 轴的方向将随着工业机器人的动作而变化，虽然如此，但各轴的相互关系不会变化，同时与工具的对应关系亦不会变化。图 2-61 所示为工业机器人在三个不同姿态下工具坐标系的方向变化。

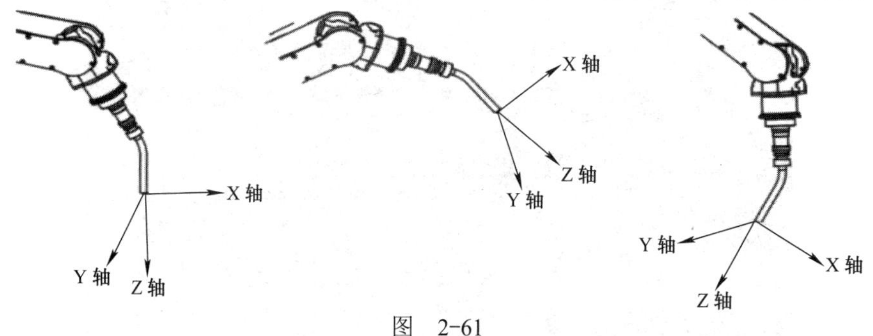

图 2-61

工具坐标系的坐标系原点常被称为“TCP”或“控制点”，其为线性运动、重定位运动的参考点。

不同于关节坐标系和直角 / 圆柱坐标系，工具坐标系除了系统默认的坐标系外，还可以用户自定义，所以在参考工具坐标系手动操纵机器人时，一定要注意当前所选择的是几号工具坐标系，避免发生撞机风险。关于工具坐标系的切换及选择步骤为：

1）通过示教器上的 [坐标] 键，选择参考坐标系为工具坐标系。

2）同时按下 [转换] 键 +[坐标] 键，可以进入工具选择界面，如图 2-62 所示。此时移动光标至所需要选择的工具号即可对此工具号进行选择，而无需按 [ENTER] 键确认。

3）再次同时按下 [转换] 键 +[坐标] 键，可退出工具选择界面。

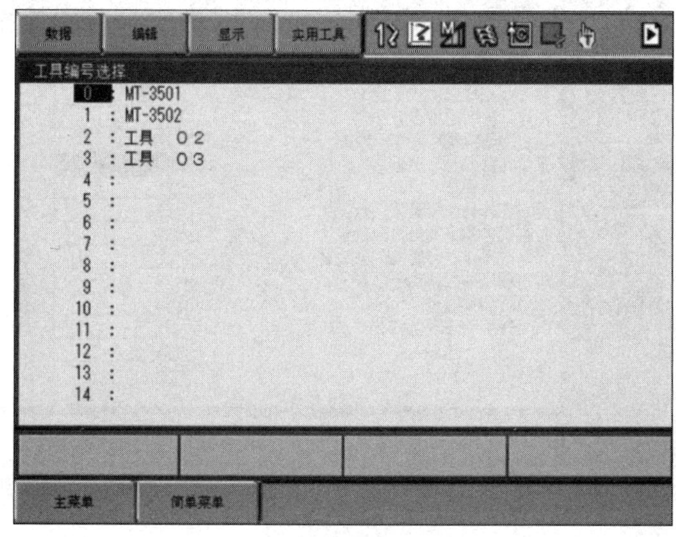

图 2-62

小贴士：

如果按下 [转换] 键 +[坐标] 键，无法进入工具选择界面，可能是“工具号码切换功能”被禁止，可以在“设置”→“示教条件设定”中，把“工具号码切换功能”设为允许。

3. 用户坐标系

用户坐标系，简而言之就是用户自定义的具有 X 方向、Y 方向、Z 方向的直角坐标系。因为是自定义，所以坐标系方向可以根据用户需求任意设定，如图 2-63 所示 3 个夹具台的用户坐标系的方向是各不相同的。为了与工业机器人系统自带的直角坐标系进行区分，在安川工业机器人中，用户自定义的直角坐标系统称为用户坐标系。

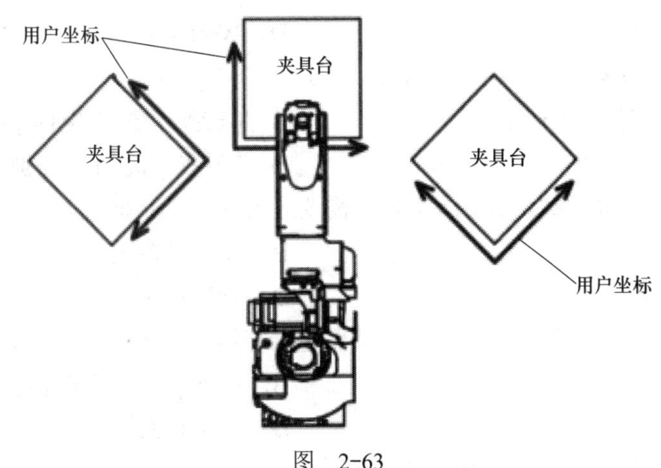

图　2-63

安川工业机器人系统中，可以同时创建最多 63 个用户坐标系，并用 1 ～ 63 作为这些用户坐标的坐标号。用户坐标系的切换与选择方法与工具坐标系的切换方法相似，具体为：

1）通过示教器上的 [坐标] 键，选择参考坐标系为用户坐标系。

2）同时按下 [转换] 键 +[坐标] 键，可以进入用户坐标选择界面，如图 2-64 所示。此时移动光标至所需要选择的用户坐标号即可进行选择，而无需按 [ENTER] 键确认。

3）再次同时按下 [转换] 键 +[坐标] 键，可退出用户坐标选择界面。

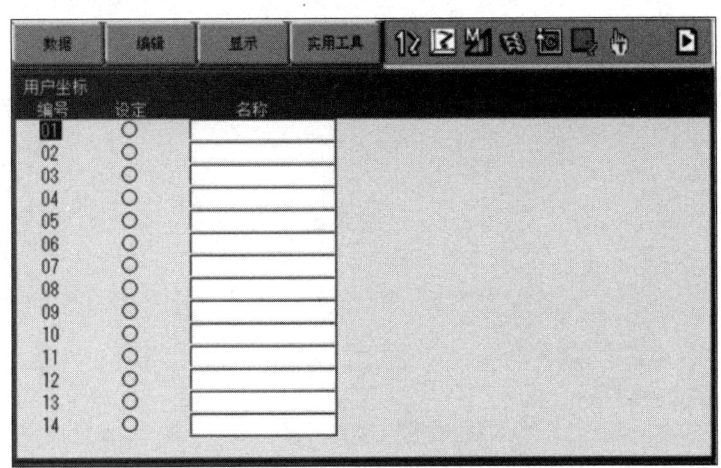

图　2-64

说明：关于用户 / 工具坐标系的自定义方法，会在后续课程中进行讲解。

2.4 课后练习题

1. MotoSimEG-VRC 软件默认支持语言为______和______。

2. 手动操作安川工业机器人动作有三种动作模式，分别是______、______和______。

3. 下面属于安川工业机器人虚拟仿真软件的是（　　）。

A．MotoSimEG-VRC　　B．RobotStudio

C．ROBOGUIDE　　D．WorkVisual

4. 要更改坐标系编号，按键操作为（　　）。

A．[联锁] 键 +[坐标] 键　　B．[转换] 键 +[坐标] 键

C．[坐标] 键　　D．[转换] 键 +[↓] 键

5. MotoSimEG-VRC 软件中更改语言，需要进入（　　）模式。

A．安全模式　　B．操作员模式

C．维护模式　　D．管理员模式

6. 按下示教器的启动开关，若要确保伺服电源能接通，需在（　　）情况下进行。

A．自动模式　　B．按下 [伺服准备] 键

C．手动模式　　D．再现模式

7. 下面坐标系是专门在弧焊中进行使用的是（　　）。

A．关节坐标系　　B．直接坐标系

C．工具坐标系　　D．示教线坐标系

8. [判断题] 圆柱 / 直角坐标系是可以同时进行使用。（　　）

9. [判断题] 用户坐标系的坐标系方向是唯一的，不能由用户自定义。（　　）

10. [判断题]MotoSimEG-VRC 软件可以给学习以及工作中的程序调试提供便利性。（　　）

第 3 章

手动操纵技巧

➲ **知识要点：**

1. 报警记录与报警解除。
2. 用户坐标系的创建与切换。
3. 工具坐标系的创建与切换。
4. 工业机器人安全模式认知。
5. 工业机器人机器原点与工作原点认知。
6. 程序文件备份与加载。

➲ **技能目标：**

1. 熟悉常见报警信息及掌握报警解除方法。
2. 掌握用户坐标系的创建方法。
3. 掌握工具坐标系的创建方法。
4. 熟悉不同安全模式之间的差别和适用人员。
5. 掌握回原点的操作方法，工作原点的设定方法。

3.1 报警记录与报警解除

运行多年或缺乏保养的工业机器人，容易产生各种故障，而初学者进行工业机器人操作，也容易引起故障。当工业机器人出现报警时，请勿慌张，应静下心来仔细查看报警代码和解决办法提示，如果看不懂，则需要查看工业机器人产品说明书，找到这个报警代码的内容介绍。

1. 报警代码类别

对于安川工业机器人，可以通过报警代码的范围初步确定故障的轻重程度。

（1）0XXX ～ 3XXX　报警等级 0 ～ 3，属于严重故障。

清除报警方法：断开安川工业机器人主电源，清除报警原因后，再打开主电源。

（2）4XXX ～ 9XXX　报警等级 4 ～ 9，属于轻故障报警。比如超限报警、命令输入错误、机器人冲突等导致的报警都属于此类报警。

清除报警方法：对于轻故障报警，用户可以根据提示自行尝试进行解决，解决后可以单击报警界面的“复位”按钮或专用输入信号对报警进行清除。

9XXX 报警也叫用户警报，解除致使报警的系统部分或者用户部分的原因后，可用报警界面的“清除”按钮或专用输入信号对报警进行清除。

0 到 3 开头的报警代码都属于重大故障，应断开电源，在维修好之前，一定不要再让其运行；4 到 9 开头的报警代码都属于轻故障，可以自己尝试解决故障，如报警号 4407、4408、4409、4411，都是由示教错误引起的，消除警报后，重新示教即可解决。

2. 报警界面介绍

要查看历史报警记录，可以通过单击主菜单中的“系统消息”→“报警”进入报警记录列表。图 3-1 所示即为报警记录列表。

轻微报警

	代码	日期	时间	模式
001	4446	2021/02/26	10:28:43	示教
002	4901	2021/02/26	00:38:35	再現
003	4901	2021/02/26	00:32:24	再現
004	4500	2021/02/20	00:07:05	示教
005	4500	2021/02/20	00:05:31	示教
006	4500	2021/01/31	14:52:34	示教
007	4500	2021/01/31	14:52:15	示教
008	4500	2021/01/31	14:51:45	示教

变量值超出极限
[0]
J:ABC1 L:0020 S:0009 运行
进入指定页

图 3-1

在报警记录界面有重故障报警界面、轻故障报警界面、用户报警界面（系统部）、用户报警界面（用户部）、脱机报警界面五种，通过 [翻页] 键可以进行切换。每种报警记录最多记录 100 条，在图 3-1 所示列表界面，按 [选择] 键可以进入光标选中的报警详情界面。报警详情界面的结构说明如图 3-2 所示。

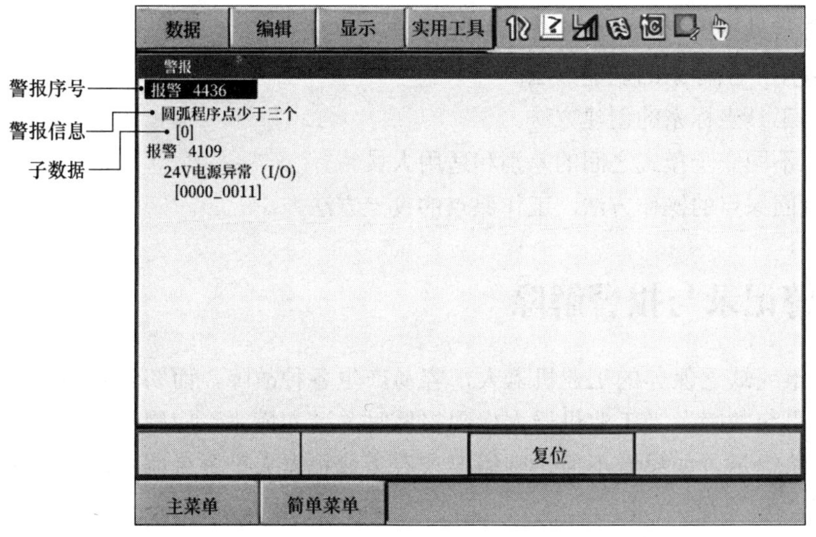

图 3-2

3.2 用户坐标系的创建及验证

安川工业机器人用户坐标系的创建有示教法和直接输入法两种方法。示教法，即通过手动操作工业机器人至特定点进行示教保存，工业机器人系统根据示教的点位信息自动计算生成坐标系相关参数来创建用户坐标系的方法。直接输入法，是直接输入相关参数至用户坐标系中，从而创建用户坐标系的方法。使用直接输入法创建用户坐标系，要求操作者熟悉用户坐标系各参数的计算方法，如果参数计算错误，会导致创建的坐标系不符合预期。作为初学者，应当优先掌握示教法创建用户坐标系的方法。

1. 通过示教法创建用户坐标系

示教法创建用户坐标系需要示教三个特定点，分别是 ORG、XX、XY 三个定义点，它们的含义分别为：

ORG：用户坐标原点。

XX：用户坐标 X 轴正方向上的点。

XY：用户坐标的 XY 平面上任意的一点。

如图 3-3 所示，图中对这三个定义点进行了说明。

用户坐标系遵循笛卡儿右手法则，所以只要确定任意 2 个轴的方向，第 3 个轴的方向即被确定，笛卡儿右手法则如图 3-4 所示。

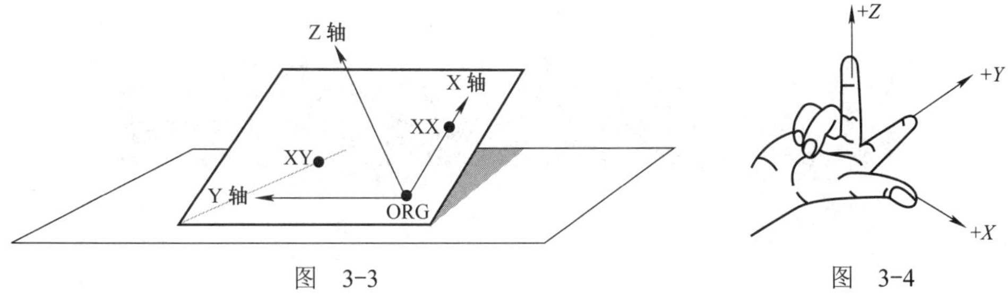

图 3-3　　图 3-4

小贴士：

点 XY 作为用户坐标的 XY 平面上任意的一点，选定此点后可以决定 Y 轴和 Z 轴的方向。要注意的是，点 XY 定义在 X 轴的左侧或者右侧，Y 轴和 Z 轴的正方向是完全相反的。

通过示教法定义用户坐标系的具体步骤为：

1）单击主菜单中的“机器人”命令，在弹出界面中单击“用户坐标”命令，如图 3-5 所示。

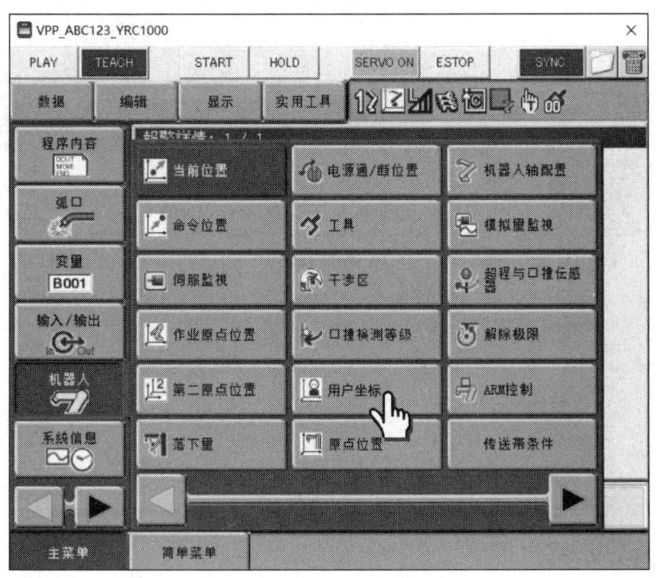

图 3-5

2）单击“用户坐标”命令，进入列表界面，如图 3-6 所示。移动光标可以选择需要定义的坐标系编号，在这里选择第二个用户坐标。

说明：图 3-6 中的“O”为空心，表示当前坐标编号未被定义；“●”为实心，表示当前坐标编号已经被定义过了。

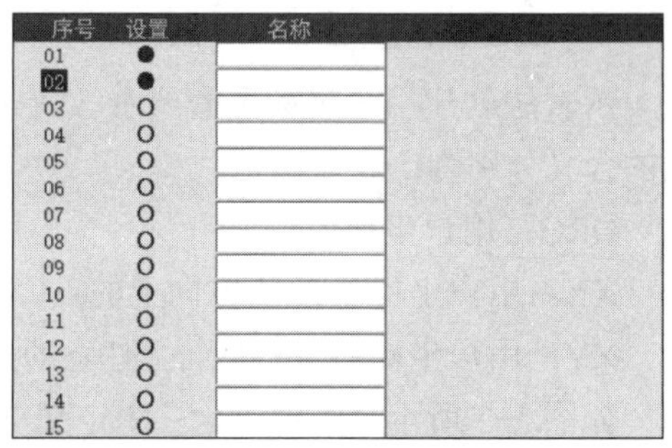

图 3-6

3）按下 [选择] 键，可以显示用户坐标设定界面。当前 2 号用户坐标系已经被定义过，所以需要先清除已定义数据再进行示教，具体操作步骤为：单击左上方的“数据”→“清除数据”→“是”按钮，如图 3-7 ～图 3-8 所示。

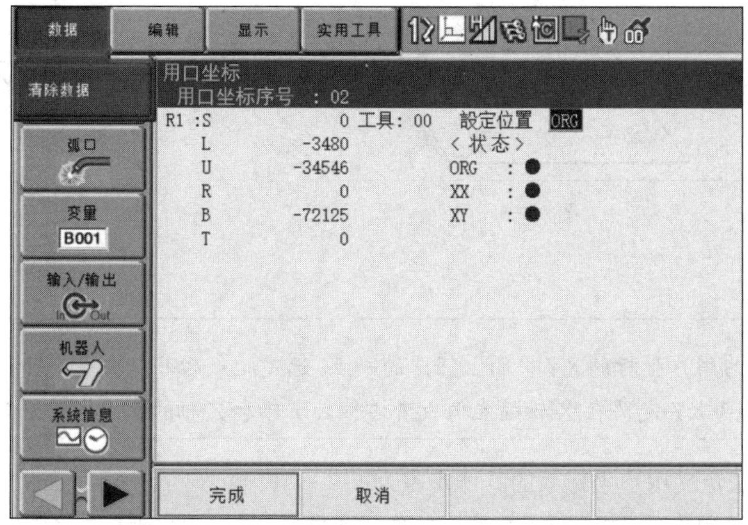

图 3-7

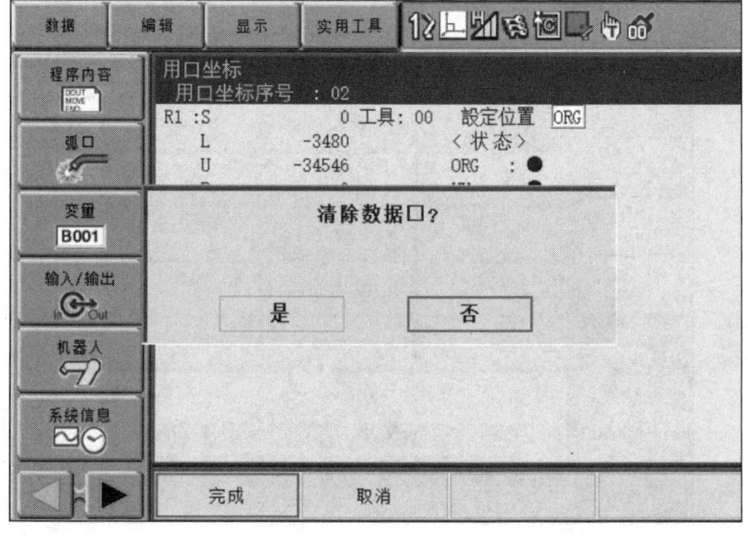

图 3-8

说明：如果未被定义，则无须执行“清除数据操作”。

4）清除数据后，可以看到 ORG、XX 和 XY 均变为空心，如图 3-9 所示。

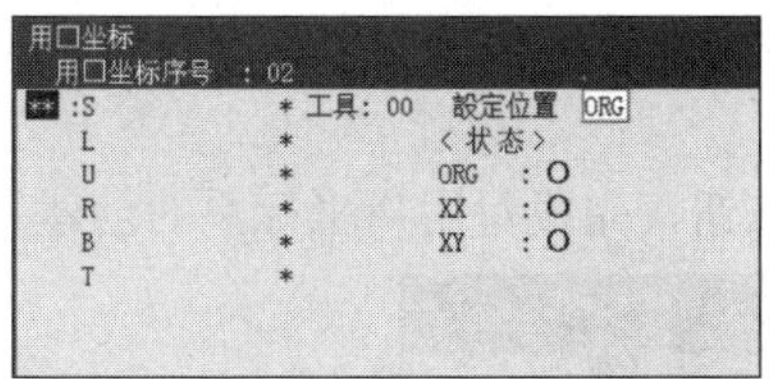

图　3-9

5）选择工业机器人。单击界面左上方的“**”，选择目标工业机器人，如图 3-10 所示。

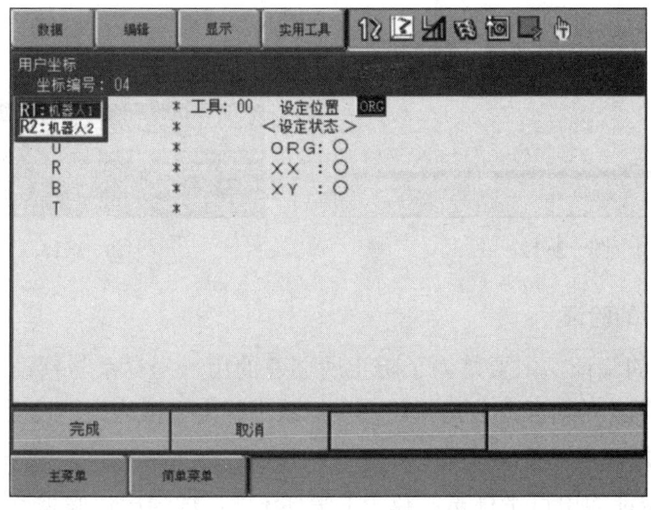

图　3-10

说明：如果只是一台工业机器人或者已选好工业机器人时，不需要进行此操作。

6）目标点位示教。首先选择“设定位置”为 ORG，如图 3-11 所示。然后手动操纵工业机器人至 ORG 目标点位，最后按下 [修改] 键、[回车] 键对 ORG 目标点位进行示教。

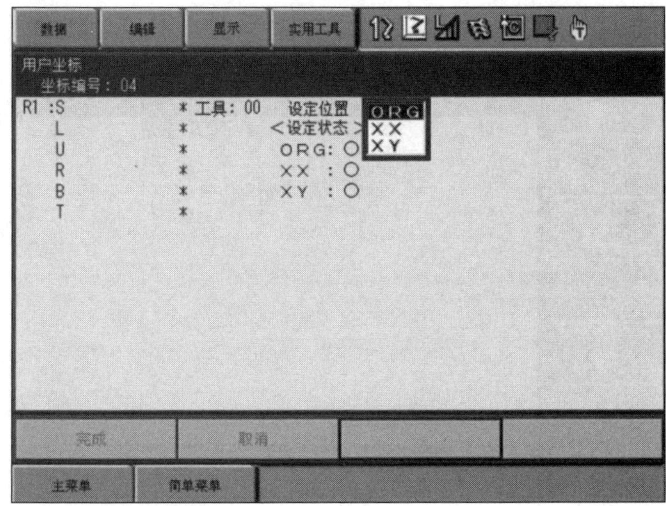

图　3-11

同样的方法，依次对 XX、XY 目标点进行示教，三个点全部示教完成后，如图 3-12 所示手指所指的“●”全部变为实心。

特别说明：移动工业机器人至目标点位 ORG、XX、XY，是指工业机器人工具末端同一末端点移至以上示教点位。

7）最后，单击“完成”按钮，完成对用户坐标系的创建及保存，如图 3-13 所示。

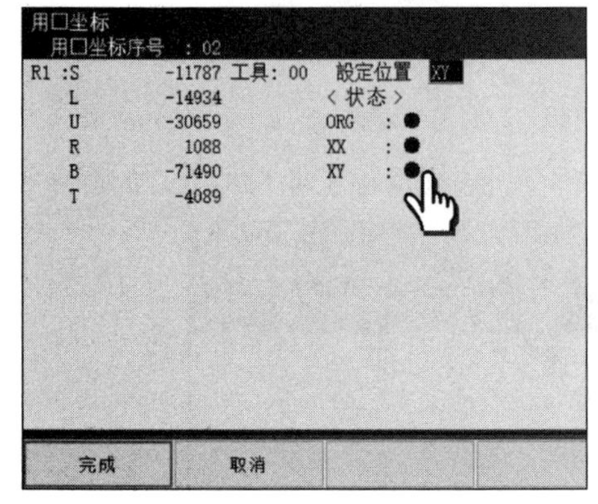

图 3-12

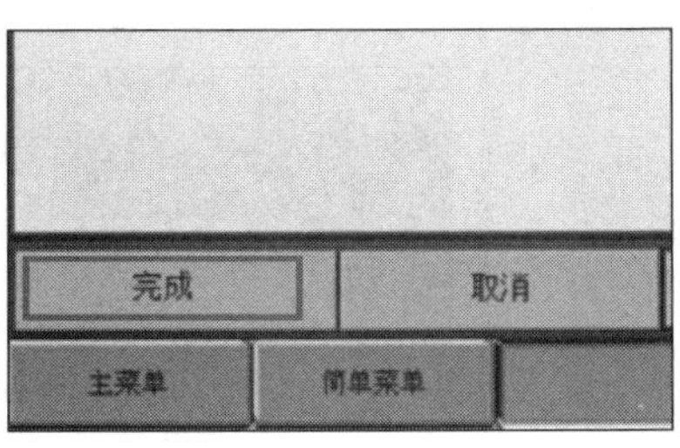

图 3-13

2. 用户坐标系的验证

对用户坐标系的验证，主要是为了防止所创建的用户坐标系与预设的不一样或者精度相差过大。如果出现此种情况，应重新对此坐标系进行定义以达到预设要求。

具体验证步骤为：

1）选择需要验证的用户坐标系。按下 [坐标] 键，选择用户坐标系，然后按下 [转换]+[坐标] 键，进入用户坐标编号列表，移动光标选择需要验证的用户坐标系。

2）手动操作工业机器人验证坐标原点及坐标系方向。当处于用户坐标设定界面时，如图 3-14 所示，可以对示教位置 ORG、XX 或 XY 进行确定，按 [前进] 键后，机器人会移动到该位置。此时可以观察当前位置与预设位置是否有偏差。

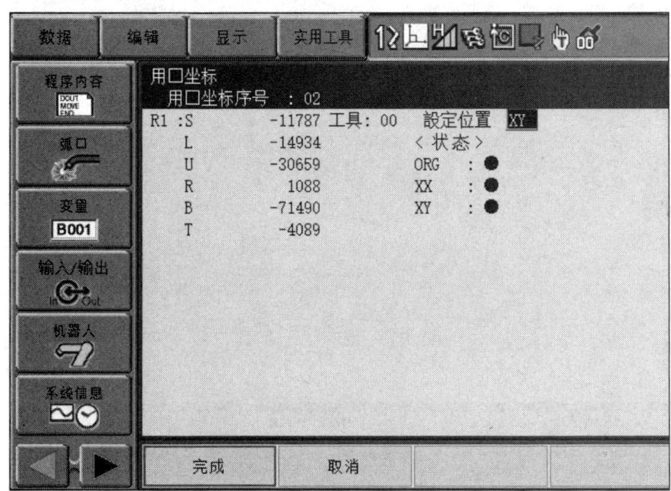

图 3-14

小贴士：

机器人的当前位置如果与界面中显示的位置数据不同，设定位置的 ORG、XX、XY 将会进行闪烁。

接下来，验证用户坐标系的方向是否符合要求，假设图 3-15 所示为需要验证的用户坐标系，分别沿着 X 轴、Y 轴、Z 轴的正 / 负方向进行手动线性运行，在运行过程中查看机器人运行方向与预设的是否一致，运行过程中是否存在偏差。

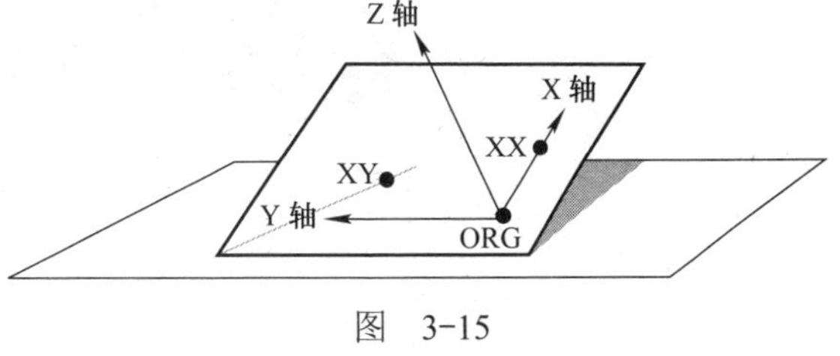

图　3-15

3.3　工具坐标系的创建及验证

1. 工具坐标系的创建步骤

正确进行机器人的直线插补、圆弧插补等插补动作，需要正确登录焊枪、抓手、焊钳等工具的尺寸信息，并定义控制点的位置。工具校准是为轻松而准确地登录这些尺寸信息所配备的功能。使用此功能，可自动计算出工具控制点的位置，并将其登录到工具文件中。使用工具校准功能登录的是工具坐标上工具控制点的坐标值。

工具坐标的创建步骤为：

1）单击主菜单中的“机器人”命令，在“机器人”界面中单击“工具”命令，如图 3-16 所示。

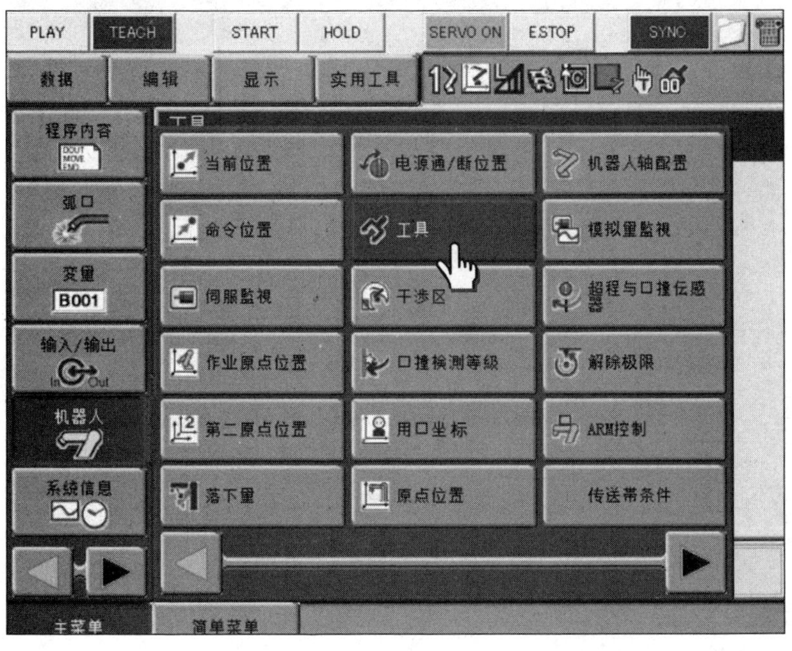

图　3-16

2)如图3-17所示,进入工具坐标选择界面后,移动光标可以选择需要创建的坐标系编号,按下 [选择] 键可以进入参数页面,如图 3-18 所示。

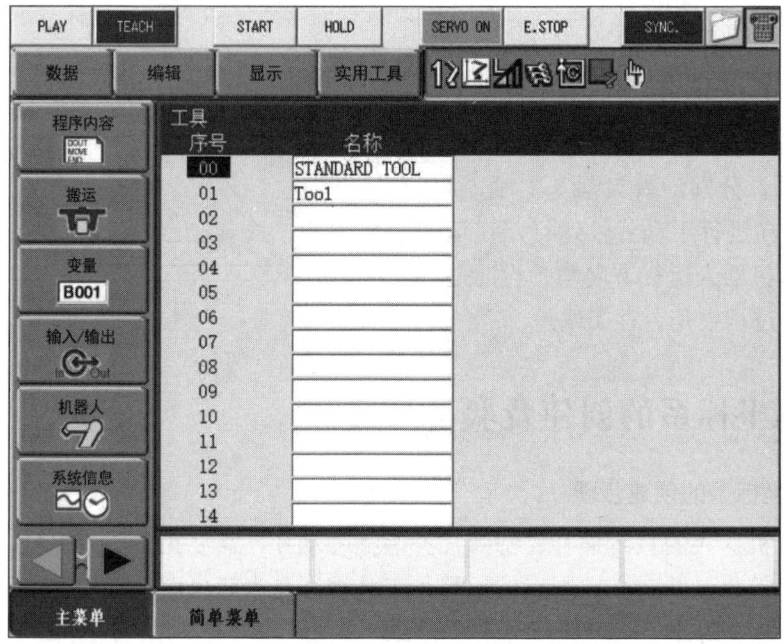

图 3-17

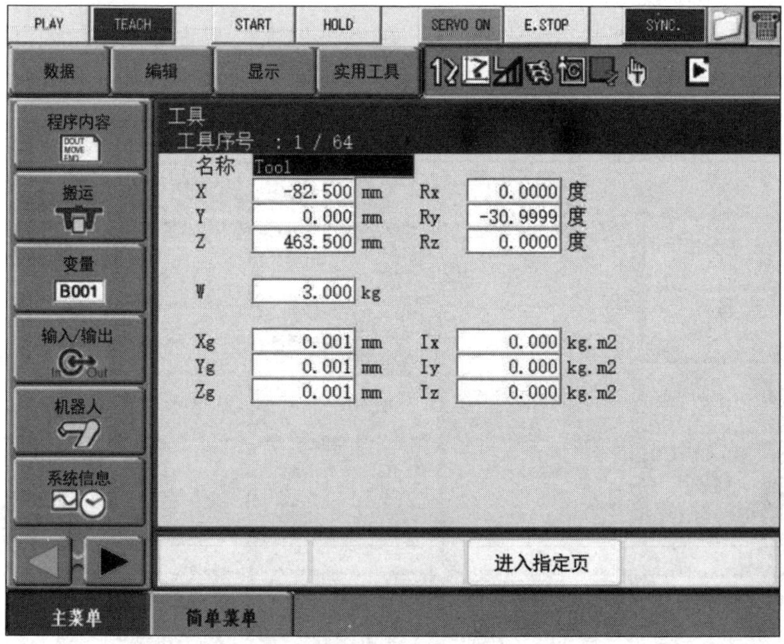

图 3-18

3)单击“实用工具”命令,弹出菜单中有“校验”和“重心位置测量”两个命令,先选择“校验”命令,如图 3-19 所示。

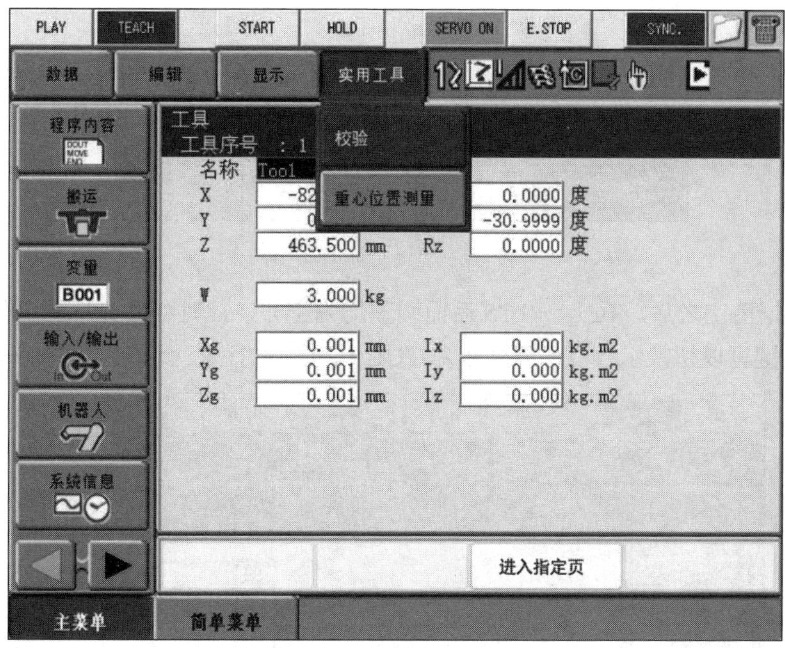

图　3-19

4）按下 [选择] 键后，弹出如图 3-20 所示界面。

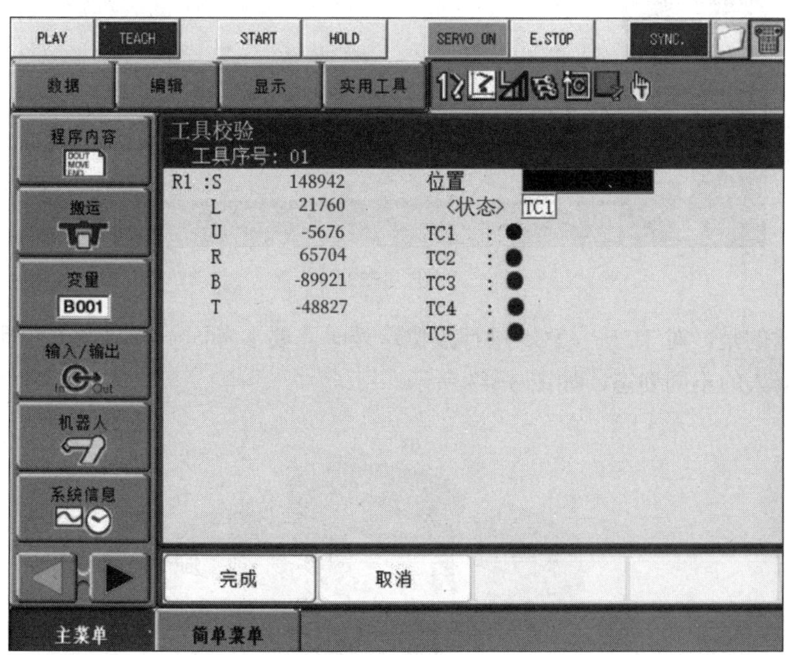

图　3-20

5）当前选择的工具编号已经存在数据，可以单击“数据”→“清除数据”来清空之前创建的工具数据，如图 3-21 所示。

说明：如果不存在数据，则无须执行“清除数据”操作。

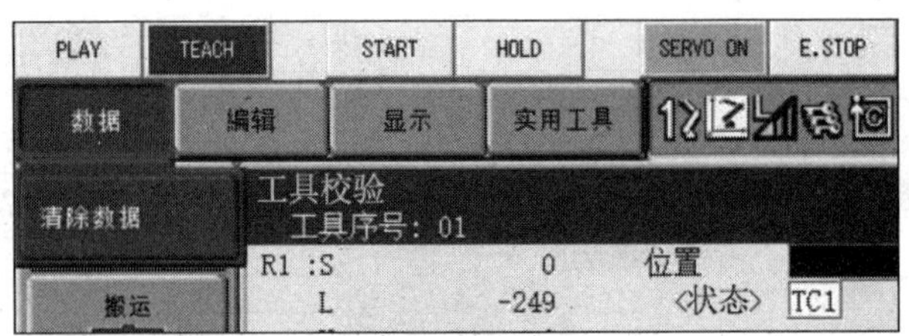

图 3-21

6）把数据清空之后，TC1 ～ TC5 后面圆圈均为空心，此时移动光标至“位置”选项，按下 [选择] 键可以切换示教点，以便于对 TC1 ～ TC5 进行依次示教，如图 3-22 所示。

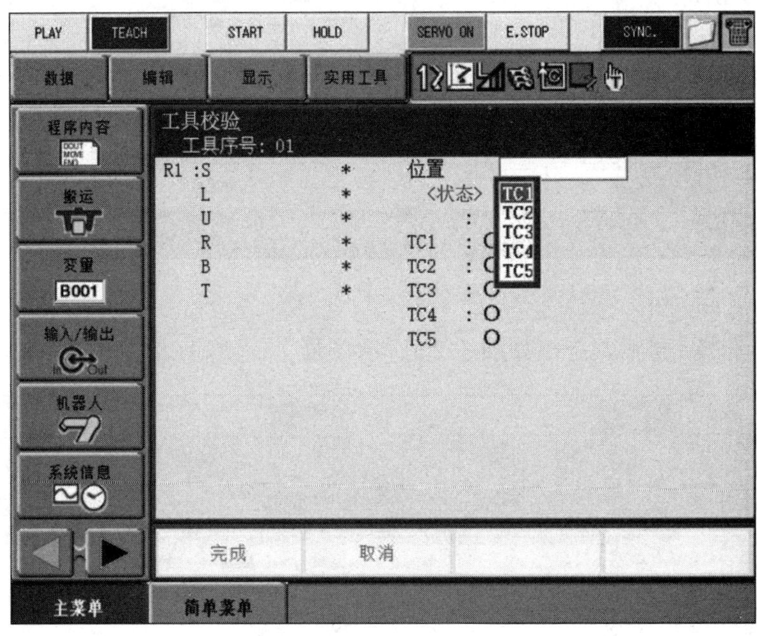

图 3-22

需要注意的是，对 TC1 ～ TC5 进行点位示教时需要参考同一控制点，并且 TC1 ～ TC5 须是工业机器人的不同姿态，如图 3-23 所示。

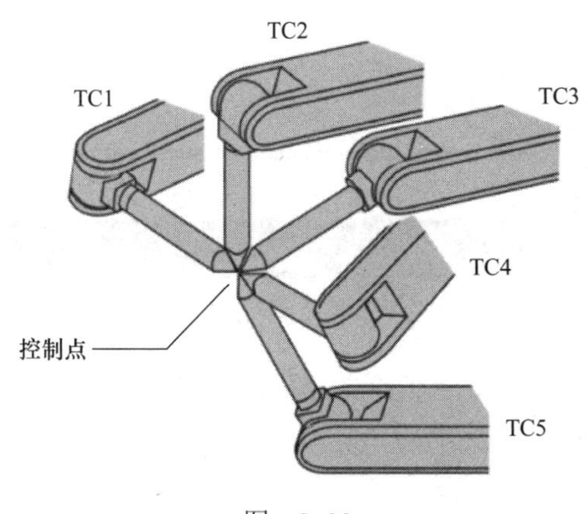

图 3-23

小贴士：

控制点在空间中的位置应当是固定不变的。与用户坐标系示教一样，按下 [修改] 键、[回车] 键可以对示教点位进行保存。

7）完成工具坐标的 TCP 校准后，开始测量工具重量以及重心。单击“实用工具”→“重心位置测量”命令，如图 3-24 所示。

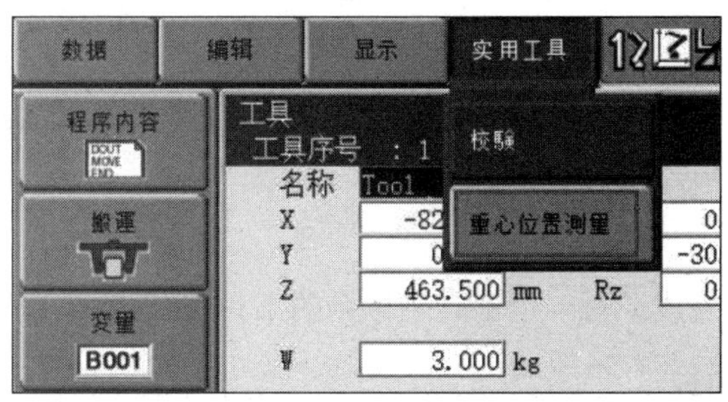

图　3-24

8）进入重量 • 重心测量窗口，如图 3-25 所示，就可以进行测量工作。

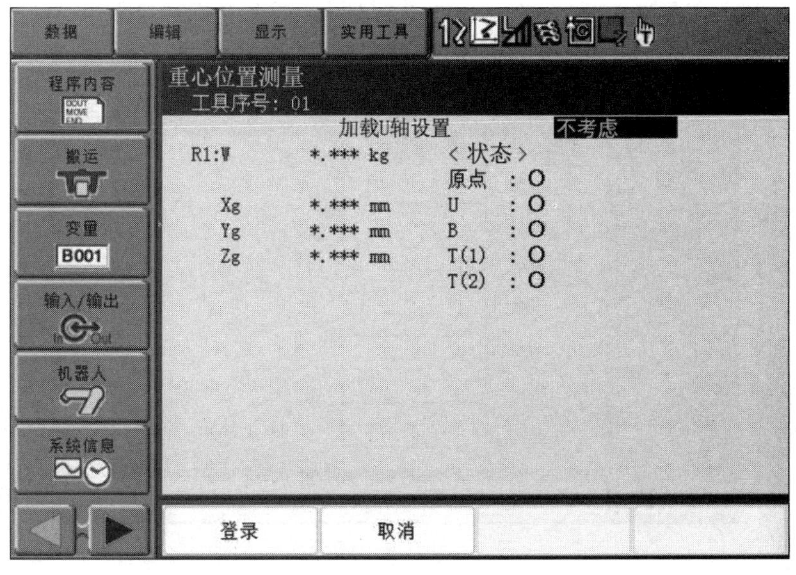

图　3-25

9）要进行测量，需处于伺服通电状态，并按住 [前进] 键进行测量。在首次按下 [前进] 键时，工业机器人会自动回到基准位置（U、B、R 轴为水平的位置），此时再次按下 [前进] 键，工业机器人将会开始自动测量。

需要注意的是，测量前需要确认工业机器人正处于空旷无障碍位置，以防止发生意外碰撞。为了测量的准确性，应当拆下连接在工具上的电线等物品。

10）自动测量完毕之后，单击“登录”命令，在图 3-26 所示弹出的确认窗口中单击“是”按钮。可以对重量重心数据进行录入保存。

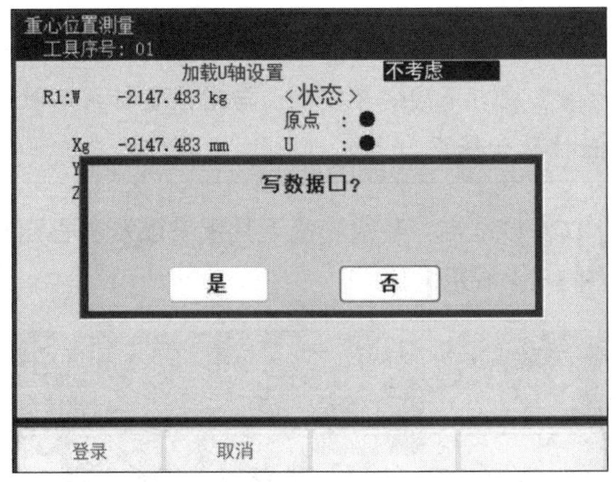

图 3-26

经过以上步骤，就完成了对一个工具坐标系的工具控制点 TCP、重量、重心的定义。

2. 工具坐标系的验证

所校准的工具坐标系是否符合预期，同样可以通过验证实现。具体验证步骤为：

1）选择需要验证的工具坐标系。按下 [坐标] 键，选择工具坐标系，然后按下 [转换] 键 +[坐标] 键，进入工具坐标编号列表，如图 3-27 所示。移动光标选择需要验证的工具坐标系。

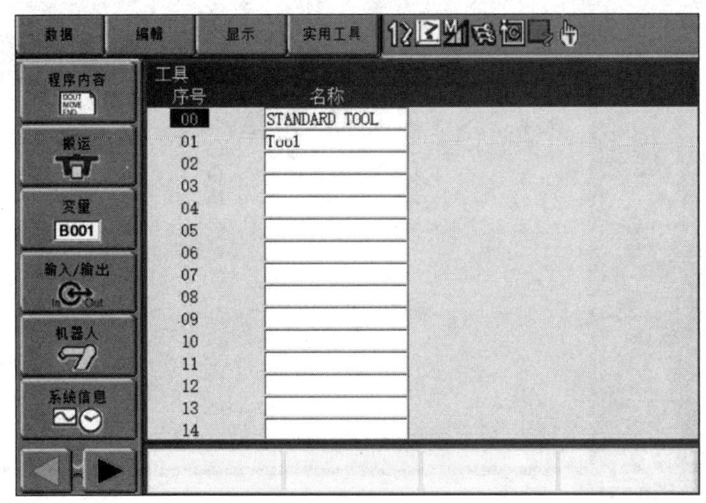

图 3-27

小贴士：

关于工具文件扩展功能：通常 1 台工业机器人只使用 1 种工具文件。通过使用工具文件扩展功能，1 台工业机器人可以切换使用多种工具文件。有下面两种方法进行设定：

方法一：参数 S2C431 用于工具号切换指定（值为 1 表示可切换，值为 0 表示不可切换），初始值默认为“0”。参数设置步骤为：进入“主菜单”→“参数”→找到 S2C431 即可进行更改。

方法二：进入“主菜单”→“设置”→进入“示教条件设定”→找到“工具号码切换”，把结果改成“允许”即可。

2）按下 [坐标] 键，选择除关节坐标系以外的任一坐标系。

3）通过轴操作键 R、B、T 控制工业机器人动作，如图 3-28 所示。查看工具坐标系控制点的动作。

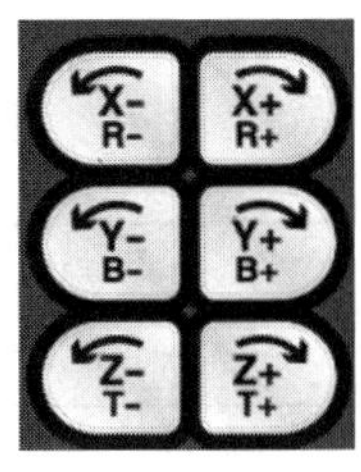

图　3-28

如果工业机器人控制点不动，仅改变姿势，则表示工具验证通过；如果控制点误差较大，则需要重新校准，图 3-29 介绍了控制点对误差判断的两种形态。

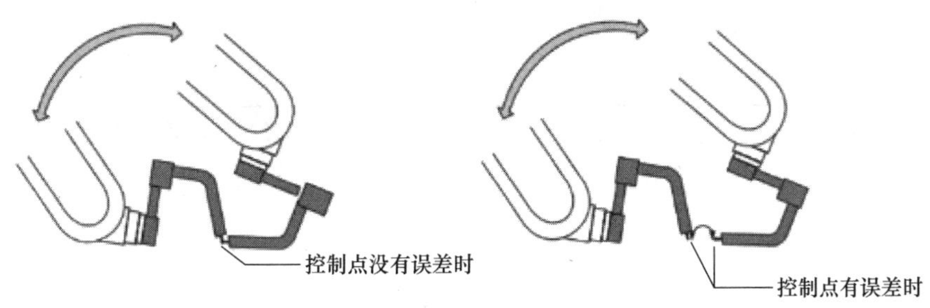

图　3-29

3. 通过直接输入法设定工具坐标系参数

对于有的工具，厂家可能提供了工具坐标系所需要的相关数据。对于一些规则的工具，可以通过直接测量的方式获得需要的数据，此时可以通过直接输入的方式来设定工具坐标系参数。

（1）工具坐标系各参数的含义　进入主菜单，通过单击“机器人”→“工具”命令，可以进入工具文件列表，移动光标至工具编号上，按 [选择] 键，进入对应工具坐标系的详细参数页面，可以对每个参数进行直接输入，图 3-30 所示为未经定义的工具坐标系图。

工具
工具序号　: 1 / 63
名称　Tool1

X	0.000	mm	Rx	0.0000	度
Y	0.000	mm	Ry	0.0000	度
Z	0.000	mm	Rz	0.0000	度
W	0.000	kg			
Xg	0.000	mm	Ix	0.000	kg.m2
Yg	0.000	mm	Iy	0.000	kg.m2
Zg	0.000	mm	Iz	0.000	kg.m2

进入指定页

图　3-30

各参数介绍，见表 3-1。

表 3-1

参数名称	说明
X、Y、Z	当期工具坐标系控制点的位置，其数值是相对于法兰坐标系的偏移量
Rx、Ry、Rz	工具姿势数据，当前工具坐标系坐标轴的旋转值
W	当前工具的重量
Xg、Yg、Zg	当前工具的重心数据
Ix、Iy、Iz	当前工具惯性矩数据

（2）工具坐标系控制点参数的设定　工具坐标系控制点 X、Y、Z 的数值设定，通过对图 3-31 所示计算数据来进行说明：

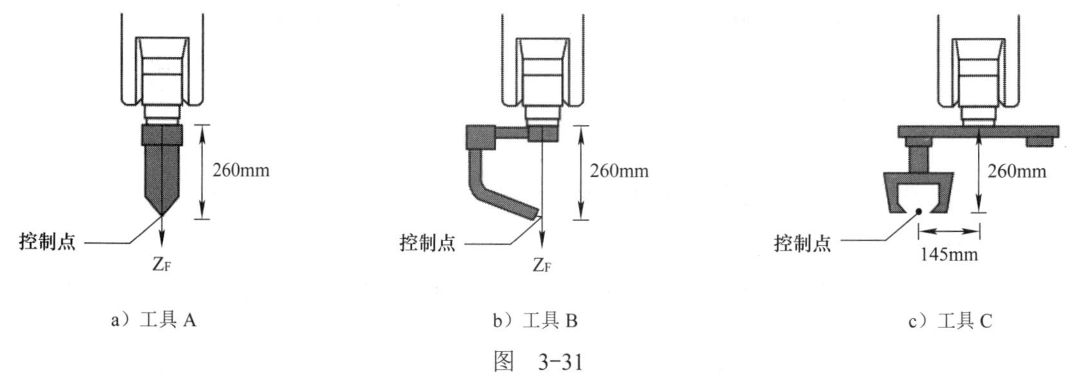

a）工具 A　　b）工具 B　　c）工具 C

图　3-31

工具 A 和工具 B 形态虽然不一样，但是控制点与法兰坐标系的关系一样，都是处于法兰坐标系 Z 轴的 260mm 处，所以控制点 X、Y、Z 的数值设定如图 3-32 所示。

工具 C 的控制点，处于法兰坐标系的 Y 轴 145mm、Z 轴 260mm 处，所以控制点 X、Y、Z 的数值设定如图 3-33 所示。

X	0.000	mm	Rx	0.0000	deg.
Y	0.000	mm	Ry	0.0000	deg.
Z	260.000	mm	Rz	0.0000	deg.

图　3-32

X	0.000	mm	Rx	0.0000	deg.
Y	145.000	mm	Ry	0.0000	deg.
Z	260.000	mm	Rz	0.0000	deg.

图　3-33

（3）工具坐标系姿态数据参数的设定　工具姿势数据，是表示工业机器人法兰盘坐标和工具坐标之间的角度的数据。工具坐标系各轴的方向是以法兰盘坐标为基准，朝着箭头方向右转为正方向，以 Rz → Ry → Rx 的顺序记录获得。

图 3-34 所示是在登录 Rz=180°、Ry=90°、Rx=0°时，工具坐标系方向的最终结果。

以 Rz → Ry → Rx 的登录顺序进行拆解，可以了解工具坐标系方向的确定过程。

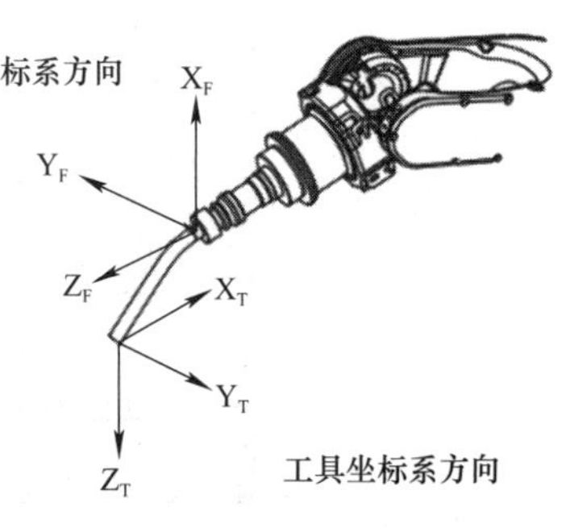

图　3-34

仅登录 Rz=180，如图 3-35 所示。坐标系的变化结果如图 3-36 所示。

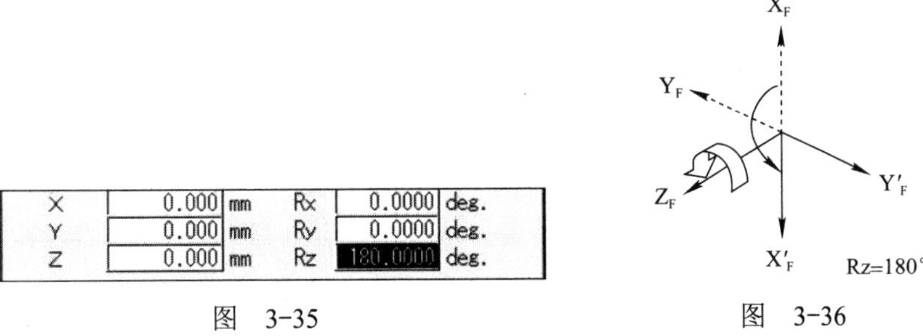

图 3-35　　图 3-36

接下来继续登录，Ry=90°，如图 3-37 所示，坐标系的变化结果如图 3-38 所示。

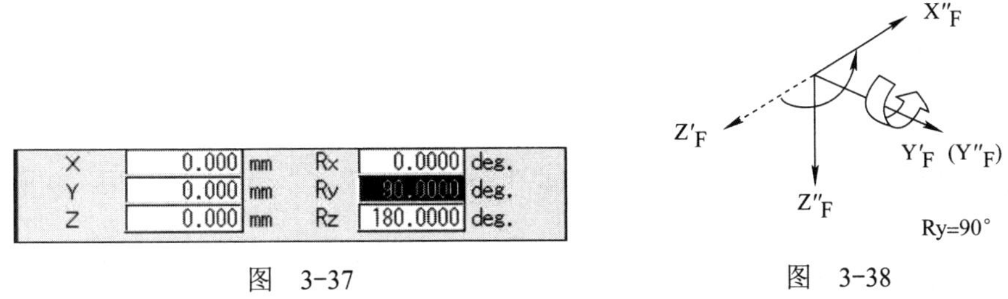

图 3-37　　图 3-38

因为 Rx=0°，所以工具坐标系确定的坐标系方向如图 3-38 所示。

3.4 工业机器人安全模式

1. 安全模式

安川工业机器人有五种安全模式，分别是操作模式、编辑模式、管理模式、安全模式、一次管理模式。设置安全模式的目的是使操作人员进行与其等级相符的操作或更改设定。关于各模式的介绍可以查看表 3-2。

表 3-2

安全模式	说明
操作模式	该模式允许操作人员进行基本的操作。如：工业机器人的启动及停止和生产线异常时的恢复作业
编辑模式	该模式允许示教人员编辑程序内容
管理模式	该模式允许操作人员进行系统升级和系统维护。如：数据的设定、时间的设定、用户 ID 的更改、控制柜的管理
安全模式	该模式允许操作人员进行系统的安全管理。如：编辑安全功能相关的文件
一次管理模式	该模式允许操作人员进行比管理模式更高等级的维护作业。如：载入批量数据（CMOS.BIN）、参数性批量数据（ALL.PRM）、功能定义参数（FD.PRM）

编辑模式、管理模式、安全模式需要输入对应的口令才能进行登录。安川工业机器人出厂时已预设了以下口令：

编辑模式：“0000000000000000”

管理模式：“9999999999999999”

安全模式：“5555555555555555”

小贴士：

1）用预设的口令进行登录时，输入对应的口令数字直至输不下即可，而无须记住具体有多少个数字。

2）操作模式、编辑模式、管理模式的权限关系为：操作模式<编辑模式<管理模式，由高模式切换至低模式无须输入口令。

2. 安全模式切换方法

1）进入示教器主菜单，单击“系统信息”→“安全模式”命令，如图 3-39 所示。

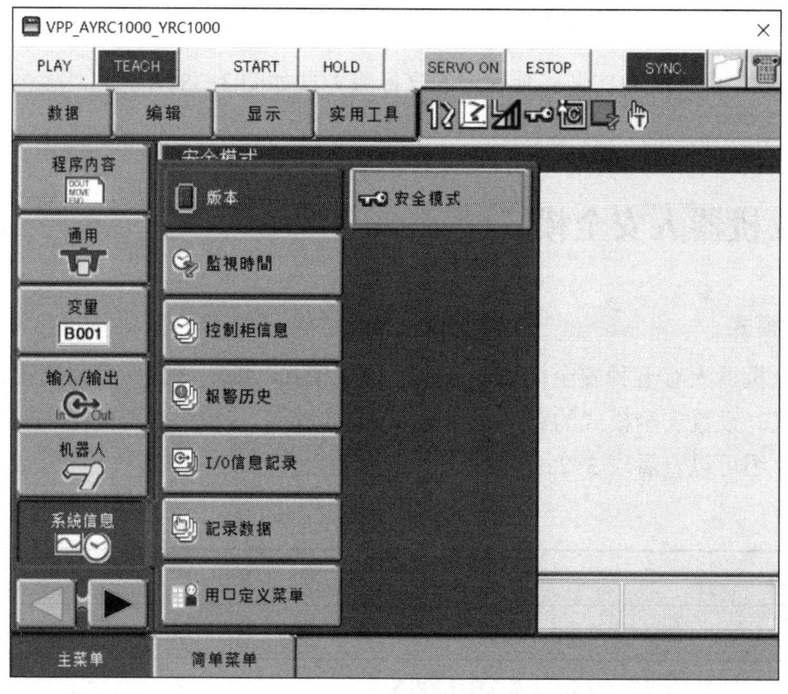

图 3-39

2）按下 [选择] 键，可以显示模式列表，如图 3-40 所示。在这里以登录“管理模式”为例进行讲解。

3）通过 [光标] 键，移动光标至“管理模式”，然后按下 [选择] 键，即可进入口令登录界面，如图 3-41 所示。

图　3-40

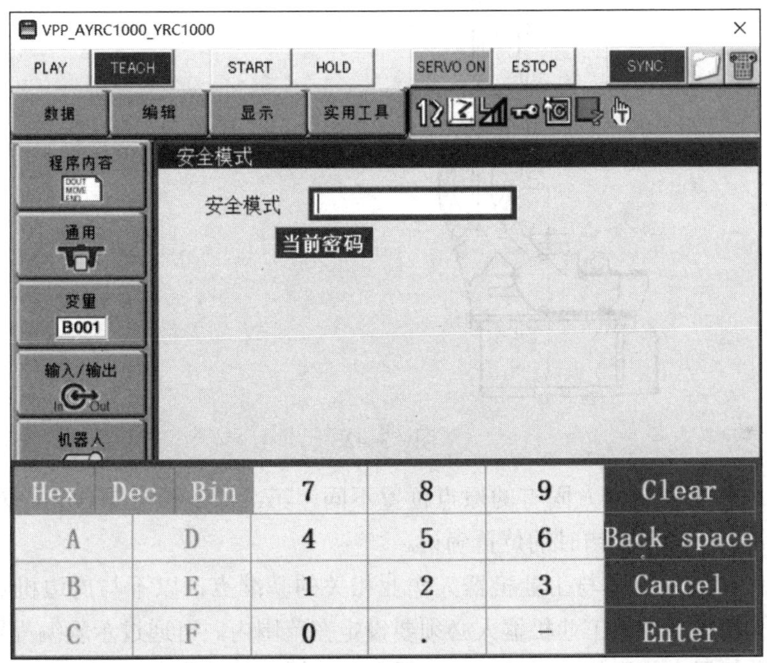

图　3-41

4）输入正确的口令，按下 [回车] 键即可登录对应账户。

3.5　工业机器人原点位置

1. 原点位置、作业原点、第二原点的区别

安川工业机器人有三个原点位置，分别是原点位置（也叫第一原点）、作业原点、第二原点，它们的具体含义是：

原点位置（第一原点）：原点位置是指工业机器人各轴在 0° 时的姿态，如图 3-42 所示。工业机器人在出厂时已校准过原点位置，校准时各轴原点位置的编码器脉冲数值会以标签的

形式与工业机器人一同出厂。

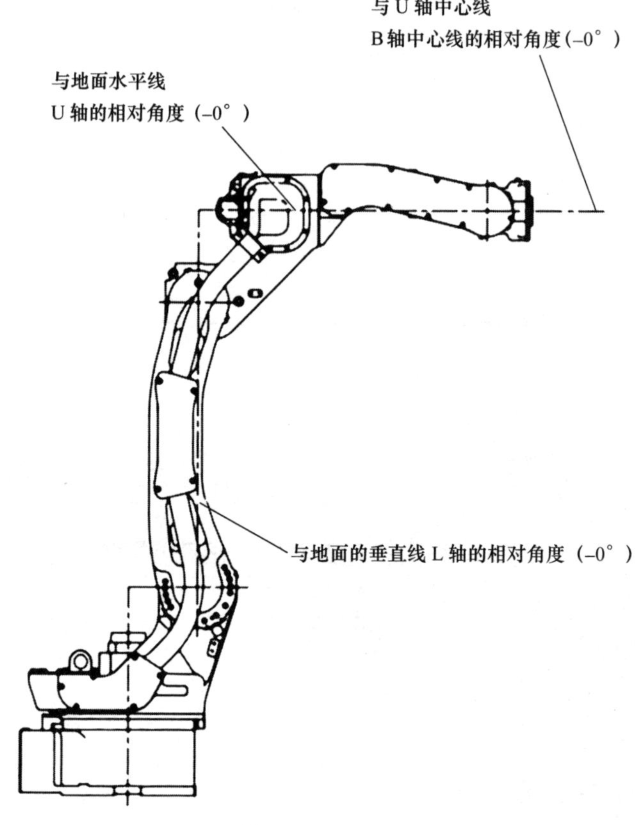

图 3-42

第二原点：与工业机器人固有的原点位置不同，第二原点位置是作为绝对数据的检查点而设定的，常用于异常报错时的位置确认。

作业原点：作业原点是与工业机器人作业相关的基准点，以不与周边机器发生干涉，启动生产线等为前提条件，工业机器人必须要设定在范围内。可通过示教编程器或外部信号输入，调整工业机器人的姿势，移动工业机器人到已设定好的作业原点位置。另外，工业机器人在作业原点位置的附近时，作业原点位置信号开启。

小贴士：

机器人的第二原点、作业原点是由用户自行设定的。而第一原点是出厂时设定的固定数值，正常情况人为无须设定，只有在出现如更换机器人与控制柜的组合、更换电动机和编码器、内存卡被删除（更换 AIF01-1E 基板、电池耗尽时等）、工业机器人发生碰撞导致原点位置偏离时才需要再次校准原点位置。

2. 工业机器人回原点的操作方法

通过前面的内容，知道了原点位置（第一原点）是各个轴为0°时的姿态，在平时操作中，很多操作者疑惑如何快速操控工业机器人回到原点位置，在这里对如何通过第二原点快速回坐标原点的方法进行讲解。

方法很简单，因为在安川工业机器人第二原点操作界面可以在伺服通电的状态下，按住 [前进] 键快速回第二原点设定位置，所以只要把第二原点与原点位置设定为同一个位置，则可以通过快速回第二原点的方式回原点位置。具体方式为：

1）查看原点位置脉冲数值。登录“管理模式”以上权限账户，单击“主菜单”→“机器人”→“原点位置”命令，如图 3-43 所示。

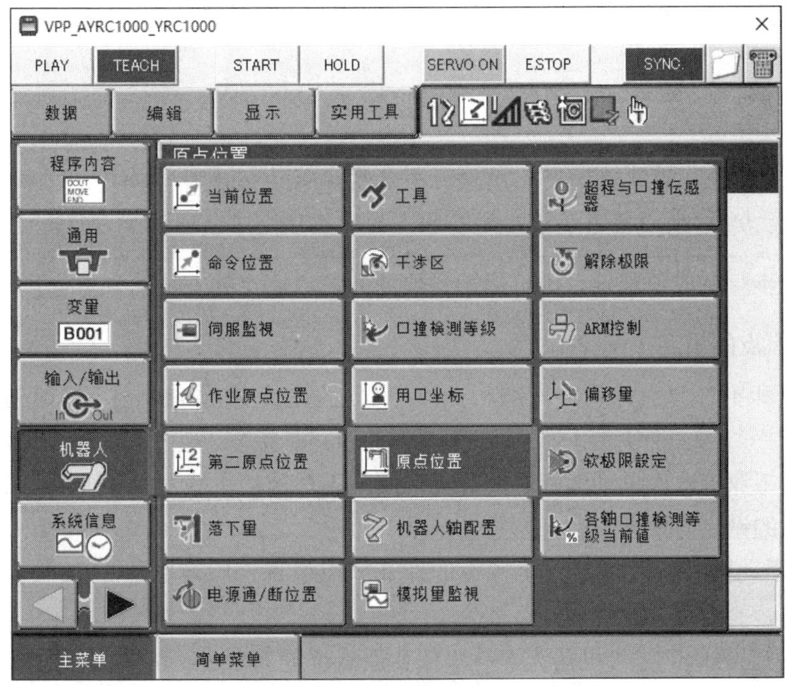

图 3-43

进入原点位置设定界面，记录原点位置脉冲数值，如图 3-44 所示。

说明：每台工业机器人的原点位置脉冲数值是不一样的。

2）设定第二原点数值与原点位置一致。单击“主菜单”→“机器人”→“第二原点位置”命令，可进入第二原点设置界面，如图 3-45 所示。

原点位置

	选择軸	絶対原点数据
R1 :S	O	-16922
L	O	6774
U	O	19461
R	O	14258
B	O	-8303
T	O	21011

图 3-44

第二原点位置

	第二原点	当前位置	位置差値
R1 :S	0	16922	16922
L	0	0	0
U	0	0	0
R	0	0	0
B	0	0	0
T	0	0	0

图 3-45

因为第二原点无法像原点位置一样对脉冲数值进行直接输入，只能通过单轴运动调节每个轴的脉冲数值与原点位置相同，然后通过 [修改]、[回车] 键对第二原点进行设定保存。

所以，第一步，通过单轴运动设定当前位置各轴的脉冲值与原点位置相同，如图 3-46 所示。

第二步，依次按 [修改]、[回车] 键对第二原点进行设定保存，完成对第二原点的设定，如图 3-47 所示。

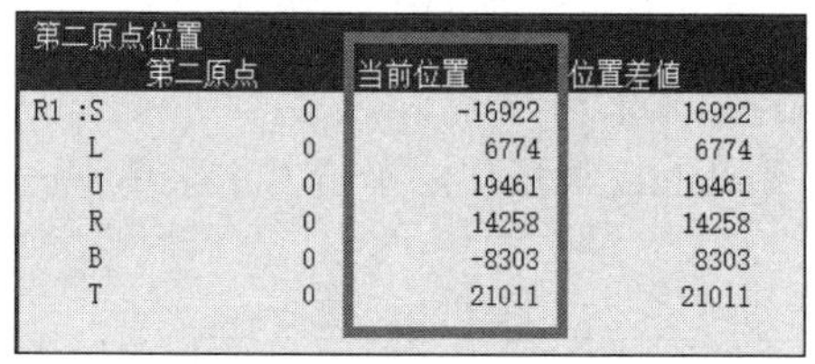

第二原点位置

	第二原点	当前位置	位置差值
R1 :S	0	-16922	16922
L	0	6774	6774
U	0	19461	19461
R	0	14258	14258
B	0	-8303	8303
T	0	21011	21011

图 3-46

第二原点位置

	第二原点	当前位置	位置差值
R1 :S	-16922	-16922	0
L	6774	6774	0
U	19461	19461	0
R	14258	14258	0
B	-8303	-8303	0
T	21011	21011	0

图 3-47

小贴士：

运行速度越快，脉冲值的变化越快，当速度调节为微速时，每按一次轴操作键，脉冲值的变化量为 1。所以要准确设定第二原点的脉冲值，应合理调节运行速度。

通过以上步骤完成设定后，则可以通过快速回第二原点的方式回原点位置。

3. 作业原点的设定

作业原点和第二原点的设定方法相一致，都是通过 [修改] 键、[回车] 键进行保存设定，唯一需要注意的是它们使用上的不一样。作业原点是指与工业机器人作业相关的基准点，往往也被作为工业机器人自动运行时的起点，其是不与周边机器发生干涉的一个安全点。

作业原点的设定方法为：

1）首先手动操纵工业机器人至预设的作业原点位置，假设以图 3-48 姿态为要设定的作业原点姿态。

2）单击“主菜单”→“机器人”→“作业原点位置”命令，可进入作业原点设置界面，如图 3-49 所示。

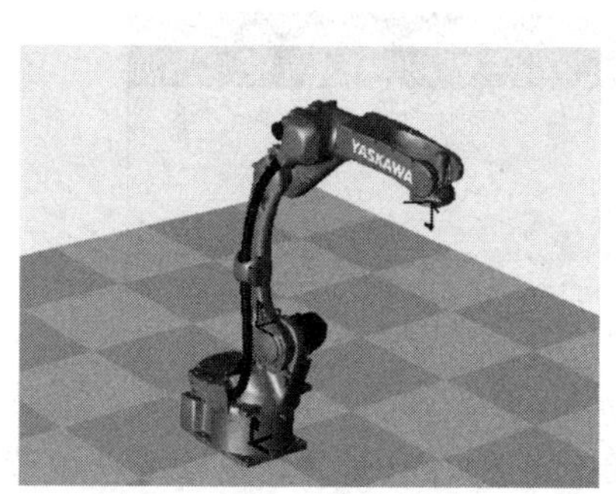

图 3-48

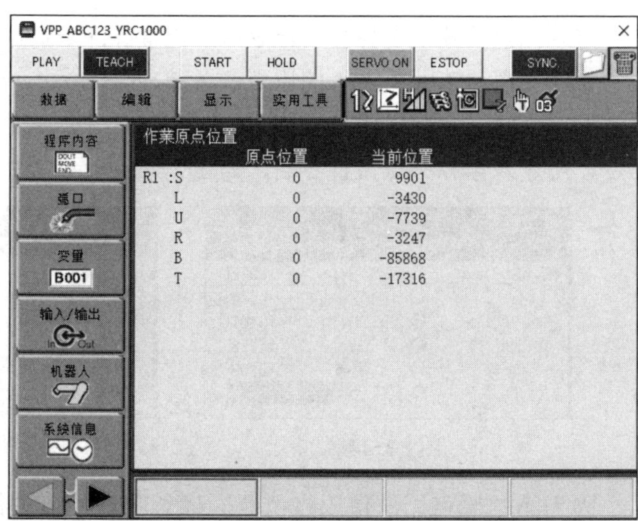

图 3-49

3）要把当前位置设置为作业原点，此时只需依次按下 [修改] 键、[回车] 键即可进行保存设定，图 3-50 所示为设定完成后的显示界面。

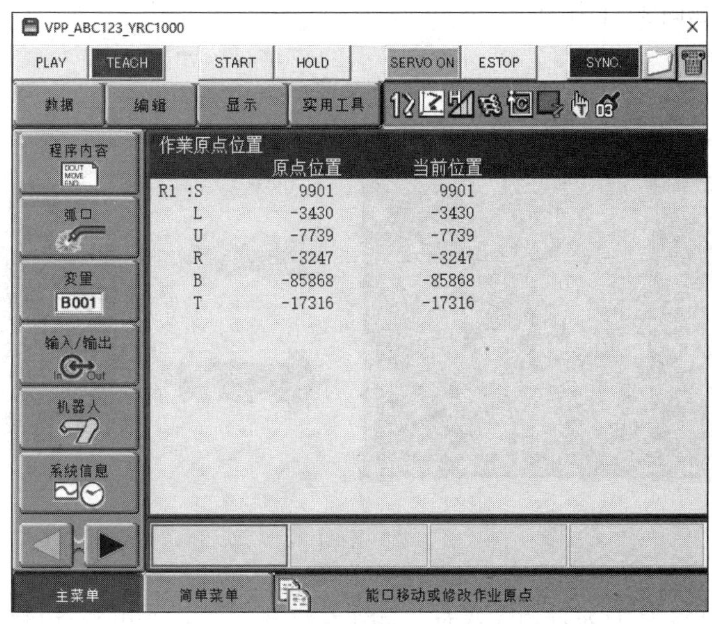

图 3-50

特别需要强调的是，在作业原点 / 第二原点设定界面，虽然可以通过 [前进] 键，快速移动至设定位置，但一定要注意不能与周边设备发生碰撞。如果存在干涉，应该先通过轴运动离开干涉区，再通过 [前进] 键回原点位置。

3.6　程序文件保存与加载

YRC1000 控制柜可使用表 3-3 所示外部存储装置进行保存或读取程序、参数等数据，其中 SD（示教编程器）、USB（示教编程器）、USB1（控制柜）这三个属于标配的选项功能，无须进行额外的添加。

表 3-3

设　　备	功 能 种 类	多媒体（保存 / 读取位置）	必要的选项功能
SD：示教编程器	标准	SD 卡	不需要在示教编程器中内置插槽
USB：示教编程器	标准	USB 存储器	不需要在示教编程器中内置插槽
FC1（YRC）	可选	计算机（FC1 软件）	计算机和“FC1 软件”
PC	可选	计算机（MOTOCOM32 主机）	经由 RS-232C 接口时：需“数据传输功能”“MOTOCOM32” 经由以太网时：还需“Ethernet 功能” **说明：**MOTOCOM32 是用于个人计算机和 Yas Rawa 工业机器人控制柜（DX200、DX100、FS100、NS100 等型号）之间进行数据传输的软件开发包或者软件组件
FTP	可选	计算机等 FTP 服务器	数据传输功能、Ethernet 功能、FTP 功能
USB1：控制柜	标准	USB 存储器	不需要 CPU 基板（IANCD-ACP01）内置连接器

本小节仅通过标配选项功能对程序文件的保存及加载功能进行讲解。

保存，即把控制柜相关数据保存到外部存储介质中去。加载，即将外部数据导入（安装）到控制柜中去，如图 3-51 所示。

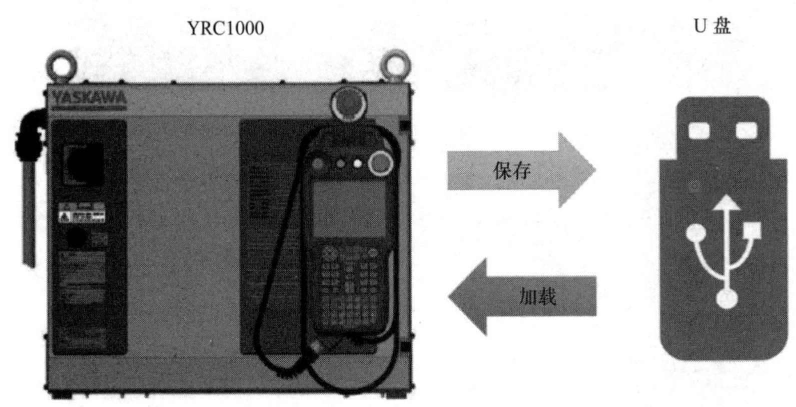

图 3-51

示教器上的 SD 卡 /U 盘插口在背面，如图 3-52 所示。未使用时会用胶塞盖住，起到防尘的作用。

控制柜上的 U 盘插口在 CPU 基板（JANCD-ACP01）上，如图 3-53 所示。

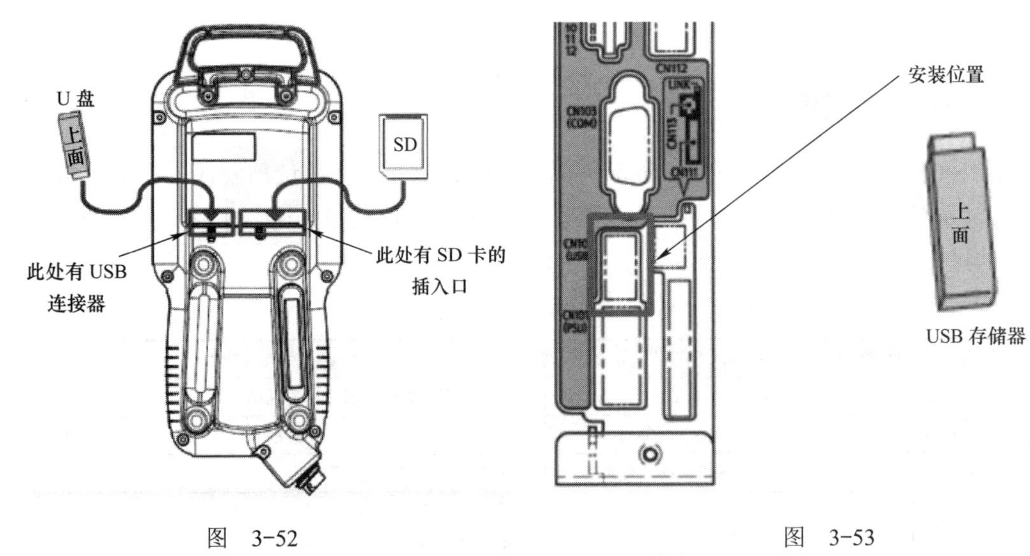

图 3-52　　图 3-53

用外部保存装置进行保存时的操作流程（此处以程序保存为例进行介绍）：

1）首先选择保存设备。单击“外部储存”→“装置”命令，按 [选择] 键，根据实际情况来选择保存、读取的目标设备，如图 3-54 和图 3-55 所示。

图　3-54

图　3-55

图 3-56 对“外部储存”的不同功能进行了介绍。

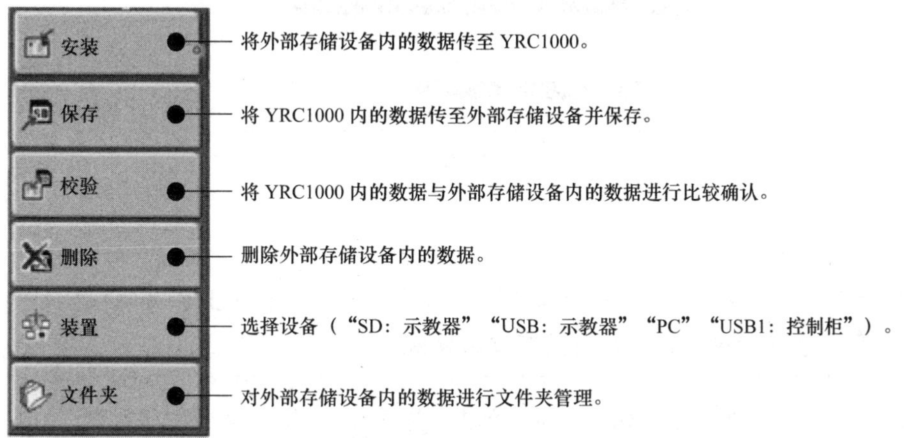

图　3-56

2）通过“外部储存”→“保存”，将光标移到“程序”上，按 [选择] 键，将会进入程序保存界面，如图 3-57 所示。

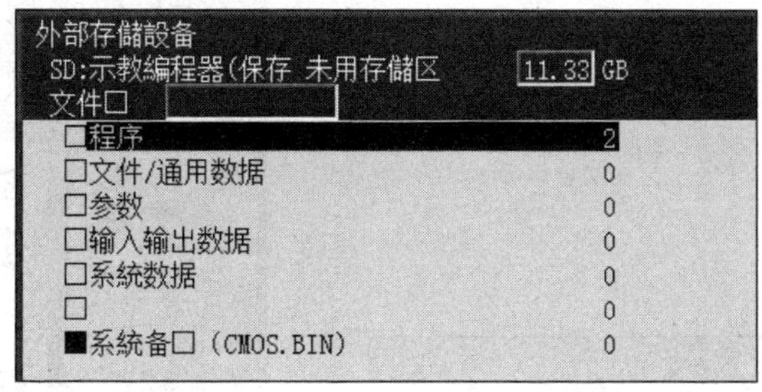

图　3-57

说明：图中“程序”后面的“2”表示已经有 2 个程序存储在了当前选择的外部存储设备当中。不同的存储类型见表 3-4。

表 3-4

数据分类	数据文件
程序	单独程序、相关程序（程序 + 条件）
条件文件 通用数据	工具数据、用户坐标系数据、变量数据、摆焊数据、焊机特性数据、时序图文件、干涉区设定文件、电动焊钳加压数据、涂装条件文件……（小计：32 种）
参数汇总	机器人匹配参数、坐标原点参数、功能定义参数、各用途参数、安全功能参数……（小计：18 种）
I/O 数据	CIO 程序、IO 名称数据、虚拟输入信号、外部 IO 名称数据、寄存器名称数据、安全逻辑回路文件
系统数据	第 2 原点位置、变量名称、报警记录数据、原点位置校验数据、作业原点位置数据、弧焊监视数据、维护文件……（小计：26 种）
系统备份	CMOS.BIN

3）将光标置于要保存的程序处，按 [选择] 键进行选择，如图 3-58 所示。

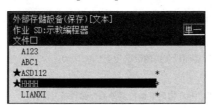

图 3-58

小贴士：

被选择的程序，会带“★”，如果要取消选择，在对应的程序上再次按 [选择] 键即可；程序带“*”表示外部存储设备内没有相同数据。

4）按下 [回车] 键，在弹出的保存界面，单击“是”按钮，即可完成程序保存，如图 3-59 所示。

对外部存储设备的程序进行加载，操作步骤与程序的保存操作基本一致。在这里需要注意的是，此时应该做的是单击“外部储存”→“安装”命令操作，如图 3-60 所示。

图 3-59

图 3-60

3.7　课后练习题

1．下面属于轻故障报警的是（　　）。

A．1XXX　　B．2XXX　　C．3XXX　　D．4XXX

2．创建用户坐标系需要示教三个特定点，不包含（　　）。

A．XX　　B．XY　　C．XZ　　D．ORG

3．“重心位置测量”是针对（　　）坐标系的一个功能。

A．关节坐标系　　B．直角坐标系　　C．圆柱坐标系　　D．工具坐标系

4．下面安全模式中，权限最低的是（　　）。

A．操作模式　　B．编辑模式　　C．管理模式　　D．一次性管理模式

5．（　　）是工业机器人作业相关的基准点，以不与周边机器发生干涉，启动生产线等为前提条件。

A．原点位置　　B．作业原点　　C．第二原点　　D．第三原点

6．关于安川工业机器人程序文件的保存与加载，不属于标配的选项功能是（　　）。

A．SD：示教编程器　　B．USB：示教编程器

C．FC1（YRC）　　D．USB1：控制柜

7．[判断题] 只要是轻故障报警，按下 [复位] 键即可解除。（　　）

8．[判断题] 在不同的安全模式中，由高模式切换至低模式无须输入口令。（　　）

9．[判断题] 作为操作员，应该知道操作模式、编辑模式、管理模式对应的登录秘钥。（　　）

10．[判断题] 可以通过 [前进] 键回第二原点位置。（　　）

第 4 章

运动指令编程应用

➲ **知识要点：**

1. 程序的创建与编辑。
2. 关节、线性、圆弧移动指令。
3. 平移指令、速度指令。
4. 指令语句的编辑操作。

➲ **技能目标：**

1. 掌握程序的创建与编辑步骤。
2. 熟悉移动相关指令的使用。
3. 熟悉平移指令、速度指令的使用。
4. 熟悉指令语句的编辑操作。

4.1 控制器菜单栏中的工具使用

本节主要对 MotoSimEG-VRC 虚拟仿真软件的“控制器”菜单栏中与程序编写相关的工具进行介绍。

1. “程序”工具

“程序”工具主要用于方便程序的编写，其包含简易示教器、程序面板、路径编辑 3 个命令，如图 4-1 所示。

图 4-1

简易示教器与虚拟示教器基本相似，对比图如图 4-2 所示。简易示教器最大的特点是可以在 MotoSimEG-VRC 虚拟仿真软件的侧边栏显示。

“程序面板”命令可以对程序进行新建、打开、检查等操作，界面如图 4-3 所示。

“路径编辑”命令可以使每个程序点显示出来，将光标移动到每个程序点，会显示每个程序点的速度。

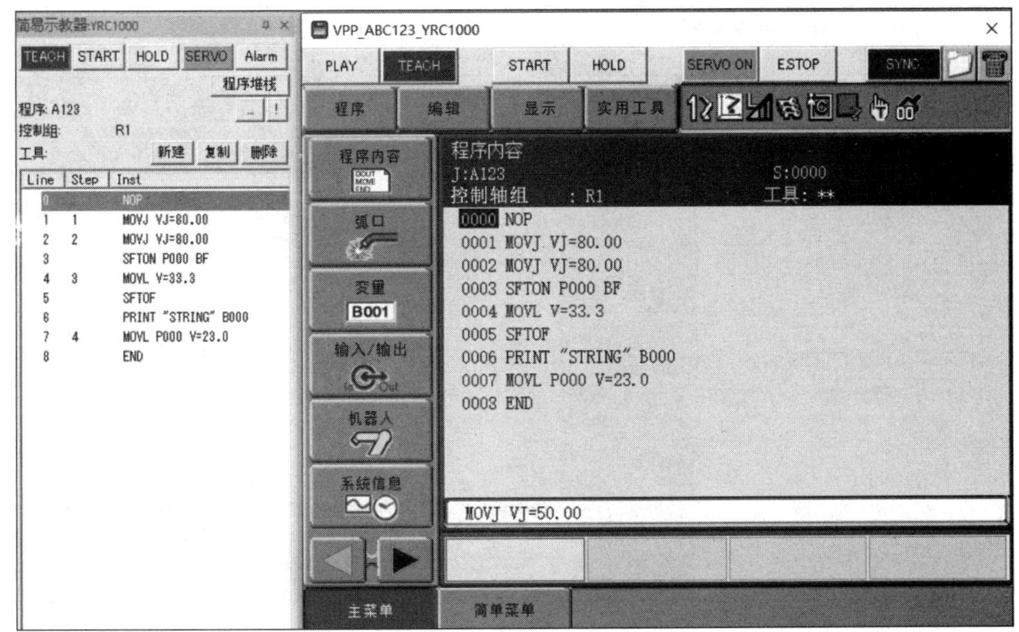

图　4-2

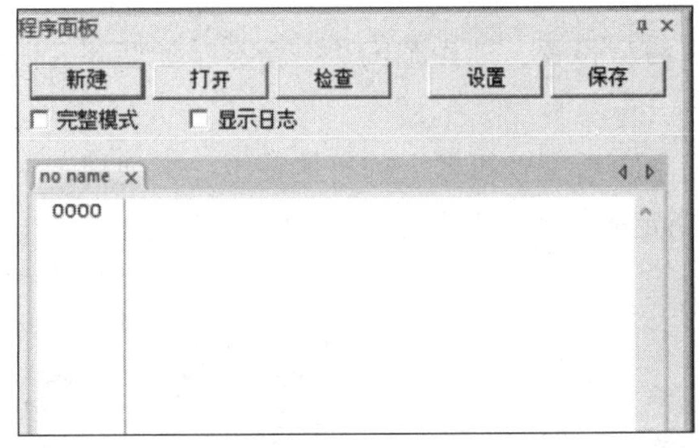

图　4-3

2. “条件文件”工具

“条件文件”工具中把虚拟示教器中的部分命令以快捷键的方式进行了显示，比如说工具数据、用户坐标、干涉区域等，如图 4-4 所示。

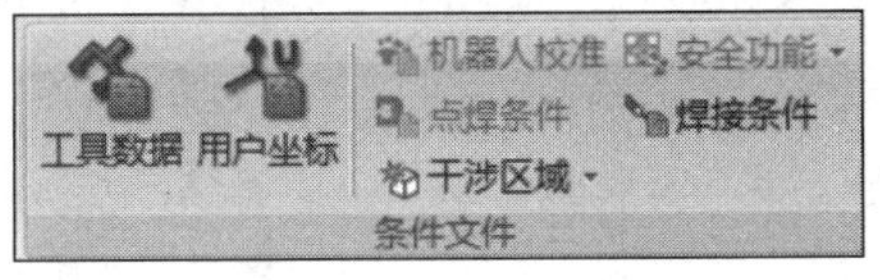

图　4-4

“工具数据”命令与工业机器人示教器中的工具数据是一致的，可以设定或更改工具坐标，它与示教器对比如图 4-5 所示。“用户坐标”命令也与示教器中一致，这里就不再赘述。

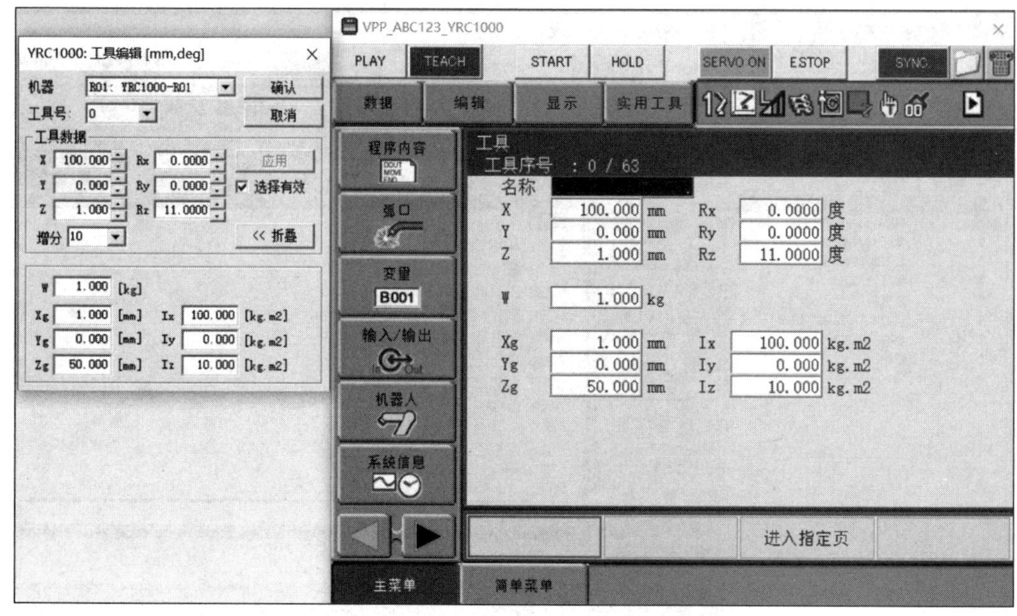

图 4-5

3. “机器人”工具

“机器人”工具包含模型设置、动作范围 2 个命令，如图 4-6 所示，其中“动作范围”命令使用频率更高一些。

“动作范围”命令可以查看工业机器人的可达范围，方便视图中对模型的位置摆放，防止工业机器人无法到达指定的位置，其参数界面如图 4-7 所示。

图 4-6

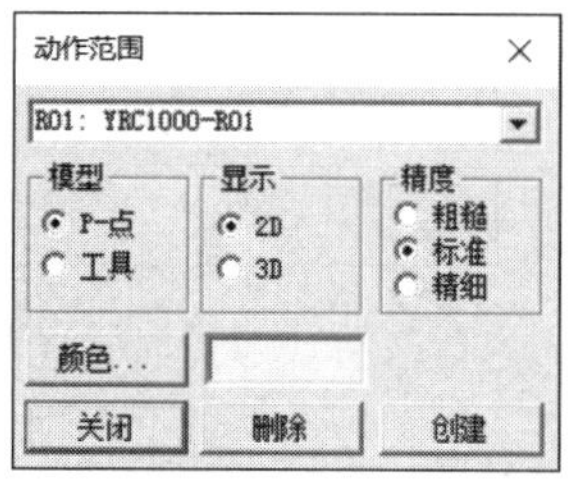

图 4-7

选择需要的模型、显示、精度参数后，单击“创建”按钮，软件会生成动作范围的显示区域，其显示有 2D 和 3D 两种形式，如图 4-8 和图 4-9 所示。

图 4-8

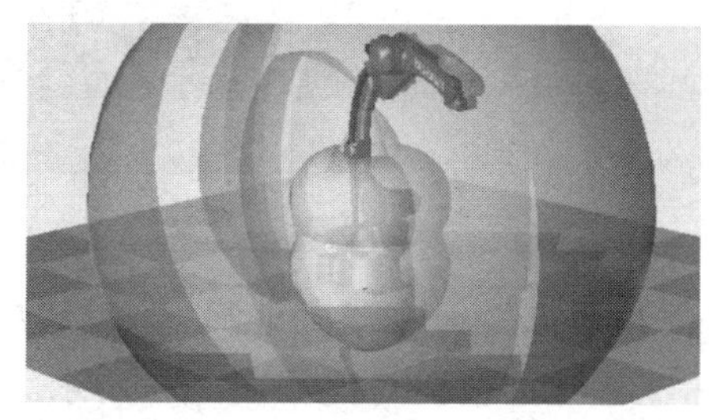

图 4-9

4. “周边装置”工具

“周边装置”工具可以添加与工业机器人相关的设备，这里只能添加输送机、压机和龙门，以及对应的控制器，界面如图 4-10 所示。

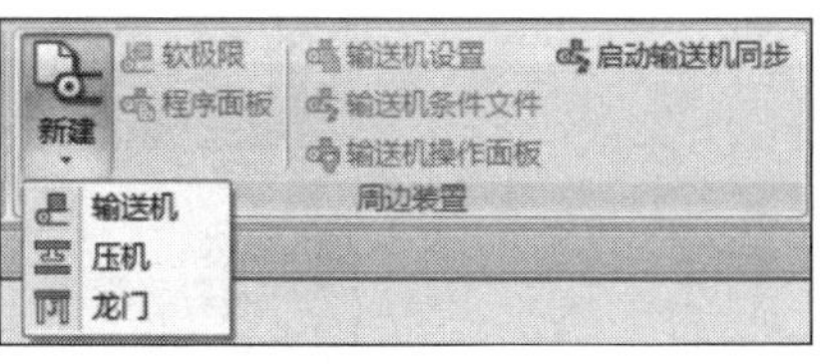

图　4-10

4.2　关节移动指令 MOVJ

4.2.1　程序的创建和编辑

安川工业机器人要进行程序的创建和编辑，需确保工业机器人处于示教模式，即把示教器的模式开关转到 [TEACH] 模式，如图 4-11 所示。

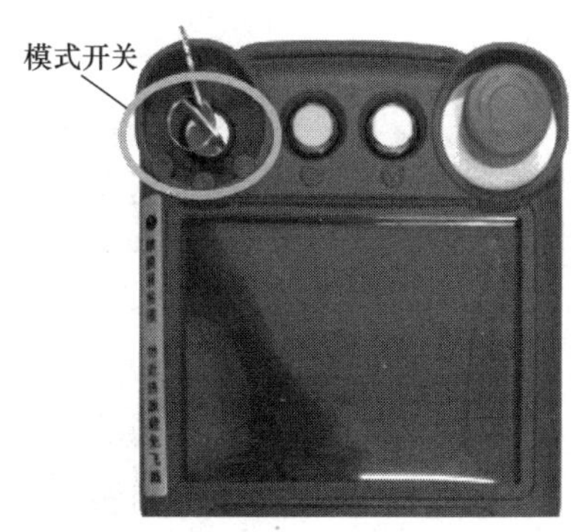

图　4-11

1. 程序的创建

1）单击“主菜单”→“程序内容”→“新建程序”命令，进入新建程序界面，如图 4-12 和图 4-13 所示。

2）在图 4-13 所示的新建程序界面中，通过光标键，可以选择修改程序名称、注释等参数。

在这里，以创建一个名为 TEST1的程序进行说明。首先，移动光标选择程序名称（即图 4-13 所示状态），按下 [选择] 键，进入程序命名界面。如图 4-14 所示，通过虚拟键盘输入“TEST1”，按 [Enter] 键即可完成程序名称的修改。

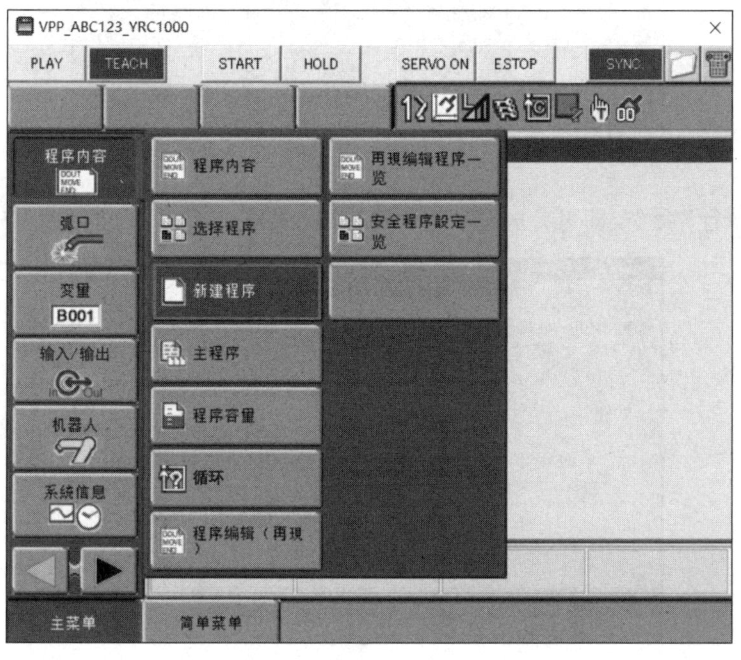

图　4-12

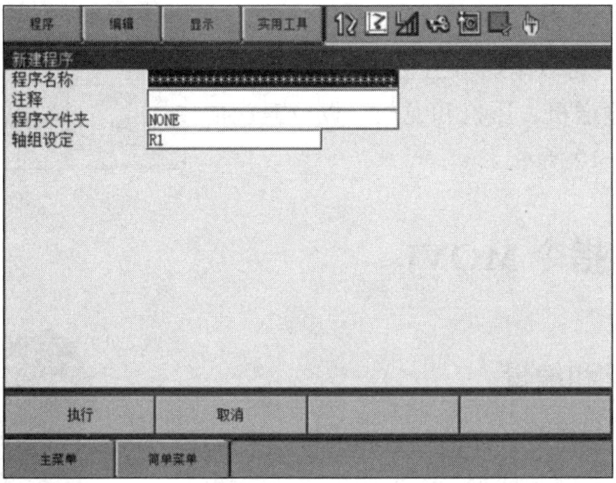

图 4-13

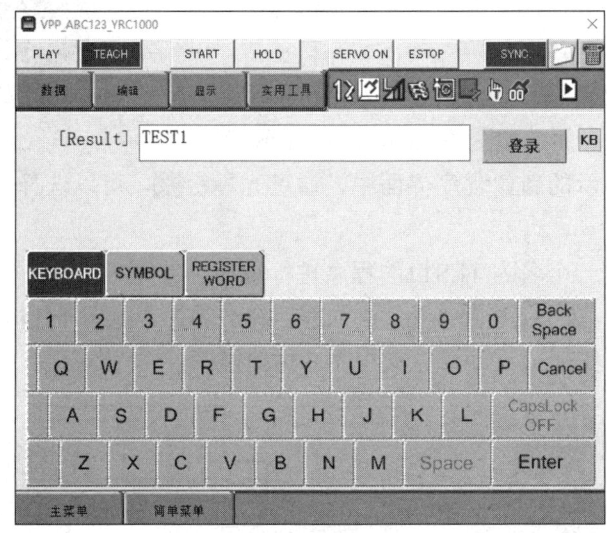

图 4-14

3）单击“执行”命令，即可完成程序的创建并进入程序内容界面，如图 4-15、图 4-16 所示。

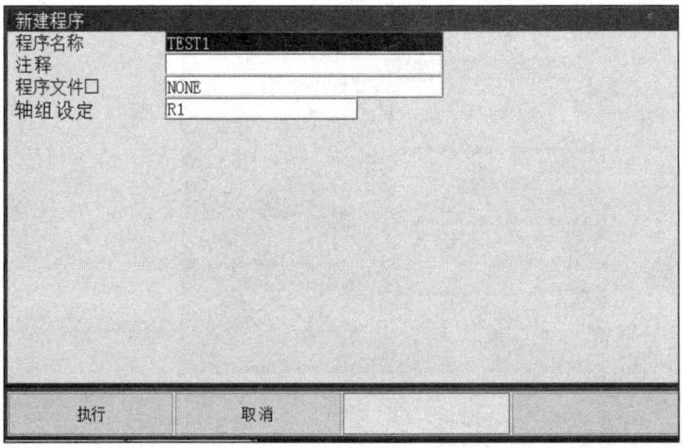

图 4-15

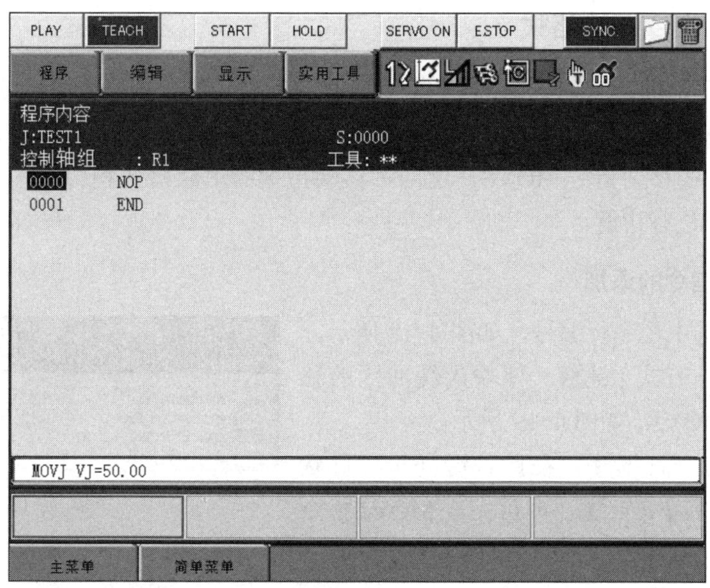

图　4-16

说明：NOP 和 END 为创建程序时自动添加，其中 NOP 为程序起始行标志，END 为程序结束行标志。所有程序指令都在这两个标志之间进行添加。

2. 程序内容结构

图 4-17 所示为程序内容结构示意图，以此为例对安川工业机器人的程序结构进行介绍。

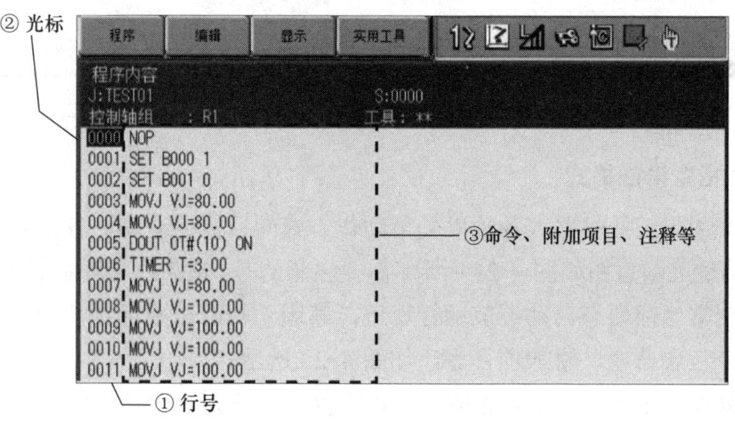

图　4-17

①行号。表示程序行的编号，自动显示。

添加、删除某行后，行号会自动改写。

②光标。用于命令编辑的光标。

按下 [选择] 键后，可进行命令编辑。

另外，可通过 [插入] 键、[更改] 键、[删除] 键来进行命令的插入、更改和删除。

③命令、附加项目、注释等。

4.2.2 MOVJ 指令语法格式

再现运行工业机器人时，各程序点之间的运行轨迹由 [插补] 键确定的插补方式而定。插补方式有四种，分别是关节移动指令 MOVJ、直线移动指令 MOVL、圆弧移动指令 MOVC、自由曲线移动指令 MOVS，这四种移动指令的语法格式相似，本小节以关节移动指令 MOVJ 为例进行讲解。

1. MOVJ 指令的添加

1）用光标选中程序行编号，如图 4-18 所示。

2）按 [插补方式] 键，使输入缓冲区的移动命令切换为 MOVJ，如图 4-19 所示。

3）按下 [插入] 键，在此按键处于亮灯状态时，再按下 [回车] 键，即可完成 MOVJ 指令的添加，如图 4-20 所示。

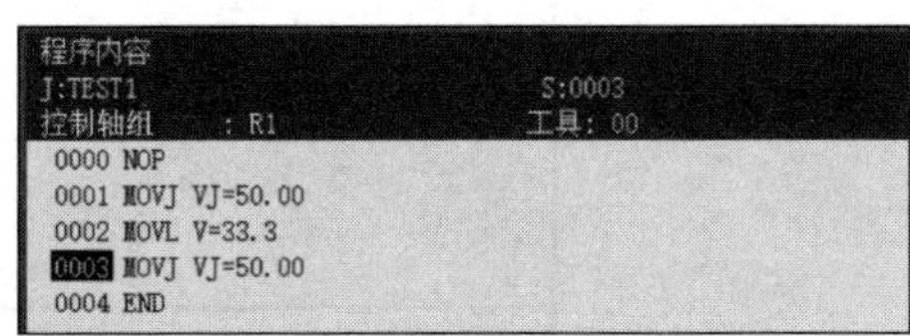

图 4-18

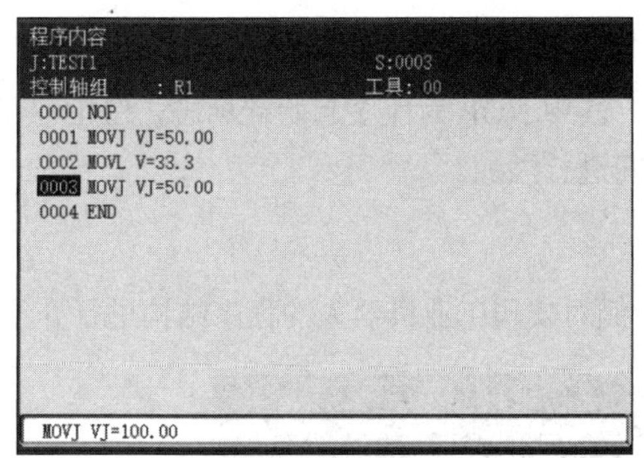

图 4-19

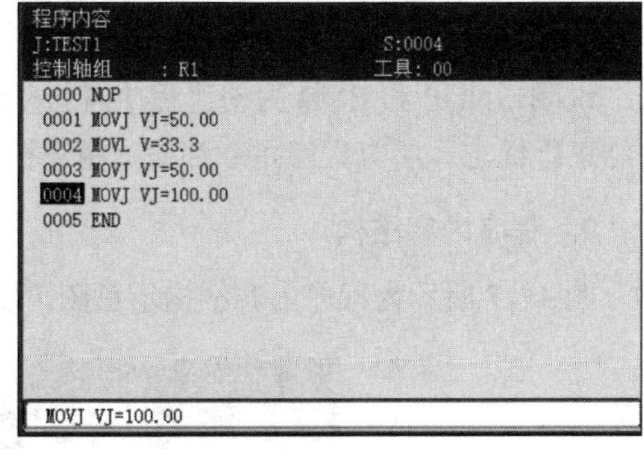

图 4-20

2. MOVJ 指令语法格式

MOVJ 指令用于工业机器人各轴以关节动作方式向目标点运动，各轴同时开始运动且同时停止运动，其轨迹示意图如图 4-21 所示。需要注意的是，MOVJ 指令向目标点运动过程中，工业机器人会根据当前姿态自动调节运行轨迹，其运动轨迹是不可预测的。

MOVJ 指令包含命令、附加项目等，如图 4-22 所示。

VJ 表示 MOVJ 指令的再现速度参数，其数值的单位为百分比（%），表示相对最高速率的比率。把光标移至再现速度数值处，同时按下 [转换] 键 + 上光标键 [↑] 或下光标键 [↓]，可以调节速度数值。速度变化速率可参考图 4-23。

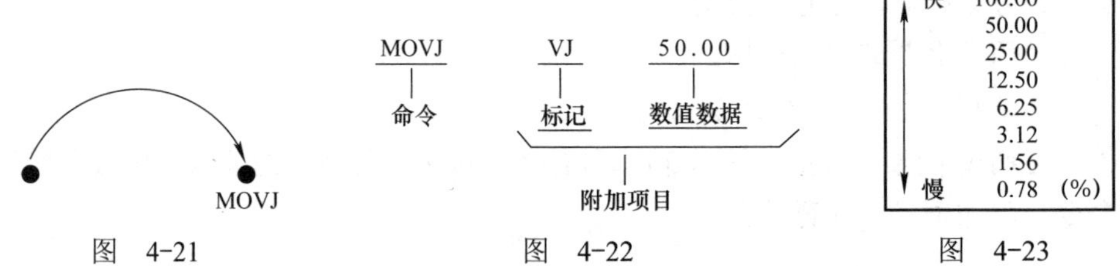

图 4-21　图 4-22　图 4-23

4.2.3　用户变量

用户变量在程序中被应用于计数、演算、输入信号的临时保存等，在程序中可自由定义，且在电源断开后仍可保存。用户变量的数据形式见表 4-1。

表　4-1

数据形式	变量编号（数量）	功　能
字节型	B000 ~ B099（100 个）	可以保存的值的范围是 0 ~ 255 可以保存输入输出的状态 可以进行逻辑演算（AND、OR 等）
整数型	I000 ~ I099（100 个）	可以保存的值的范围是 –32768 ~ 32767
双精度型	D000 ~ D099（100 个）	可以保存的值的范围是 –2147483648 ~ 2147483647
实数型	R000 ~ R099（100 个）	可以保存的值的范围是 –3.4E+38 ~ 3.4E+38。精度 1.18E–38 < x ≤ 3.4E+38
文字型	S000 ~ S099（100 个）	可以保存的文字是 16 个字
位置型	P000 ~ P127（128 个）	可以用脉冲型或 XYZ 型保存位置数据 XYZ 型的变量在移动命令时作为目的地的位置数据使用，在平行位移命令时作为增量值使用。不能使用示教线坐标
	BP000 ~ BP127（128 个）	
	EX000 ~ EX127（128 个）	

本小节主要的目的是让读者对变量有一个基本的认知，以及了解位置型变量在移动指令中的应用，关于各变量类型详细的设定方法会在第 6 章进行讲解。

通过前边介绍已经知道，关节移动指令 MOVJ 的语法表现形式可以是：MOVJ VJ=50.00，当看到：MOVJ P000 VJ=50.00 这样的表现形式也应该明白，其对位置型变量 P000 进行了使用，P000 当中存储的即是目标点的位置信息。

小贴士：

通过 [插补] 键示教的移动指令，其位置信息是默认不显示的。通过 [命令一览] 键添加的移动指令，其位置信息以位置型变量 PXXX 进行显示。

4.2.4　目标点位示教修改

在工业机器人调试时，时常需要对运动指令中的目标点进行重新示教以符合运行需求。安川工业机器人对目标点的示教修改步骤为：

1）通过轴操作键移动工业机器人至需要重新示教的位置点。

2）移动光标至需要重新示教修改的运动指令上，如图 4-24 所示选中的为程序编号为 0002 的运动指令行。

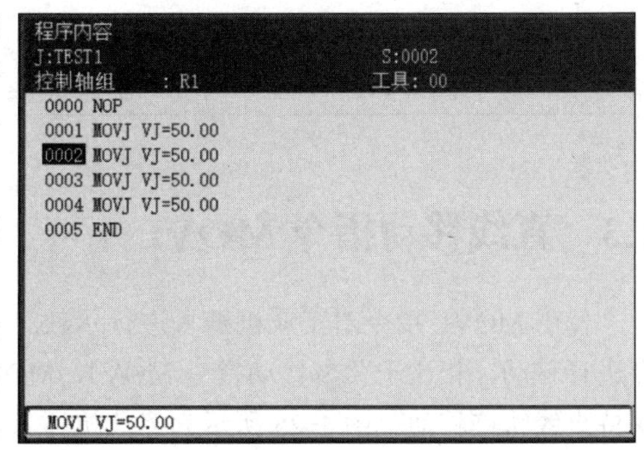

图　4-24

3）按下 [修改] 键，使该按键处于灯亮的状态。

4）按下[回车]键，即可把工业机器人当前位置数据，记录在光标所选择的运动指令中。

4.2.5 程序的再现运行

再现运行是指工业机器人在示教模式下对示教程序进行调试验证的过程，用于模拟工业机器人在再现模式下的运行效果。试运行又分为单步试运行和连续试运行。无论进行哪种试运行，工业机器人都需处于伺服接通的状态。

（1）单步试运行　单步试运行，即单步对程序运动指令进行调试验证的方式，可以通过[联锁]键和[前进]键完成运行。需要注意的是，如果仅使用[前进]键，则仅执行移动指令；如果“[联锁]键+[前进]键”组合使用，则会执行移动命令以外的命令。

在这里对仅使用[前进]键的运行方法进行说明，具体步骤为：

1）移动光标至需要验证的运动指令行。

2）长按[前进]键不放，工业机器人就会执行当前运动指令，当工业机器人停止运动，则表示当前运动指令执行完毕，此时再松开按键。

3）如果下一行指令依旧为运动指令，再次重复步骤2），可以继续往下单步运行。

小贴士：

1）在工业机器人运行中，松开[前进]键，工业机器人会立即停止，此时光标会闪烁，其表明工业机器人并未到达运动指令中所存储的位置点，处于中途停止状态。

2）[后退]键与[前进]键功能一样，只不过其是按照程序从下往上的方式进行运行。

（2）连续试运行　按下“[联锁]键+[试运行]键”，工业机器人会进行连续动作。连续试运行的最高动作速度不会超过示教的最高速度。

小贴士：

1）工业机器人根据运转周期开始动作。

2）工业机器人只在按键按住期间动作。但是开始动作后，即使不按[联锁]键也会继续动作。

3）放开[试运行]键后，工业机器人会立即停止。

4.3 直线移动指令 MOVL

使用MOVL指令对工业机器人进行示教时，再现时工业机器人将会以直线轨迹向目标点进行移动，相比于关节移动指令MOVJ，MOVL指令的TCP移动轨迹是可以预测的，即保持直线轨迹移动。图4-25所示为工业机器人从程序点1往程序点2移动过程中，工业机器人从程序点1的姿态逐渐往程序点2变化，而TCP的运行轨迹一直保持为直线。

MOVL 指令经常被用于焊接等对轨迹要求高的作业当中。图 4-26 所示为 MOVL 指令的默认显示格式。其速度参数 V 有两种速度单位，分别是 mm/s 和 cm/min，对应关系如图 4-27 所示。

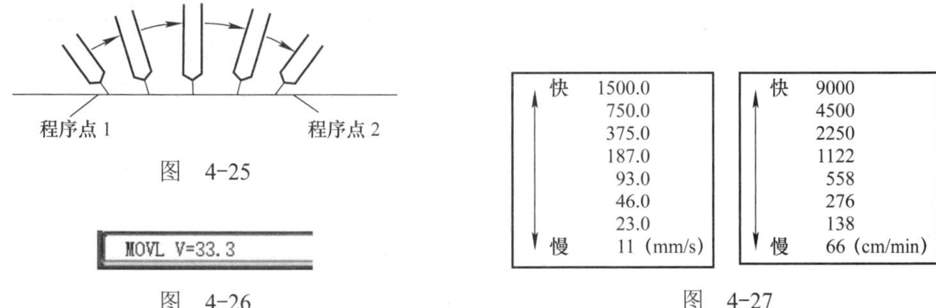

图　4-25

图　4-26

图　4-27

要确定工业机器人当前速度单位是哪个，可以在“操作条件设定”中进行查询，具体步骤为：

如图 4-28 所示，依次单击“主菜单”→“设置”→“操作条件设定”命令，可进入操作条件设定列表，如图 4-29 所示，从这里可以看到，当前速度单位为“mm/ 秒”。

图　4-28

图　4-29

4.4　圆弧移动指令 MOVC

MOVC 指令，中文名称叫作圆弧运动指令，它可以通过已知的三个点确定一段圆弧轨迹。

1. 单个圆弧

当只有一个圆弧时，如图 4-30 所示用圆弧移动指令对 P1 ～ P3 这三点进行示教。用关节或直线移动指令对圆弧之前的 P0 点进行示教时，P0 ～ P1 的轨迹会自动变为直线，整个轨迹的编写说明见表 4-2。

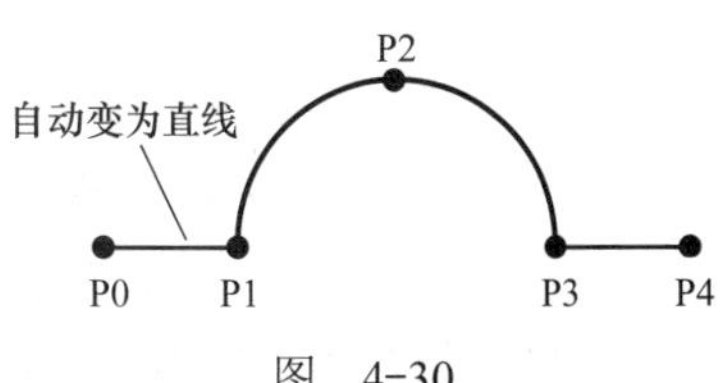

图　4-30

表 4-2

点	插补方法	命令
P0	关节或直线	MOVJ 或 MOVL
P1 ～ P3	圆弧	MOVC
P4	关节或直线	MOVJ 或 MOVL

程序编写为：

```
NOP
MOVJ VJ=50.00 或 MOVL V=100.00
MOVC V=100.00
MOVC V=100.00
MOVC V=100.00
MOVJ VJ=50.00 或 MOVL V=100.00
END
```

2. 连续圆弧

有两个以上曲率不同的圆弧相连时，设定曲率切换程序点 FPT 记号，可以连续进行两个圆弧动作。图 4-31 所示连续圆弧轨迹的编写方法如表 4-3 所示。

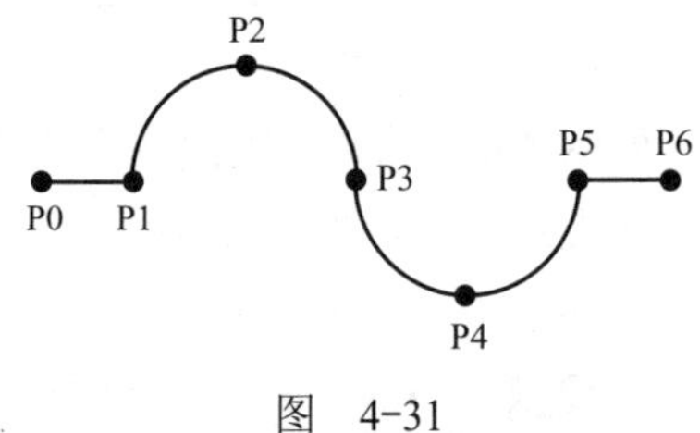

图 4-31

表 4-3

点	插补方法	命令
P0	关节或直线	MOVJ 或 MOVL
P1 ～ P2	圆弧	MOVC
P3	圆弧	MOVC FPT
P4 ～ P5	圆弧	MOVC
P6	关节或直线	MOVJ 或 MOVL

程序编写为：

```
NOP
MOVJ VJ=50.00 或 MOVL V=100.00
MOVC V=100.00
MOVC V=100.00
MOVC V=100.00  FPT
MOVC V=100.00
MOVC V=100.00
MOVJ VJ=50.00 或 MOVL V=100.00
END
```

程序点 FPT 记号的添加步骤为：

1）用光标选中 MOVC 移动指令，按 [选择] 键进入详细编辑列表，如图 4-32 所示。

2）移动光标至“圆弧终点指定”，按 [选择] 键，在弹出的选项中选择“FPT”，如图 4-33 所示。最后通过 [回车] 键或 [插入] 键和 [回车] 键完成程序点 FPT 记号的添加。

说明：未设定「FPT」记号时，连续圆弧需按照单个圆弧的编程方式进行编程，在图 4-34 中 P3、P4、P5 为轨迹中的同一点，第二个圆弧起点的 P4 需以关节或者直线移动指令示教。编写方法见表 4-4。

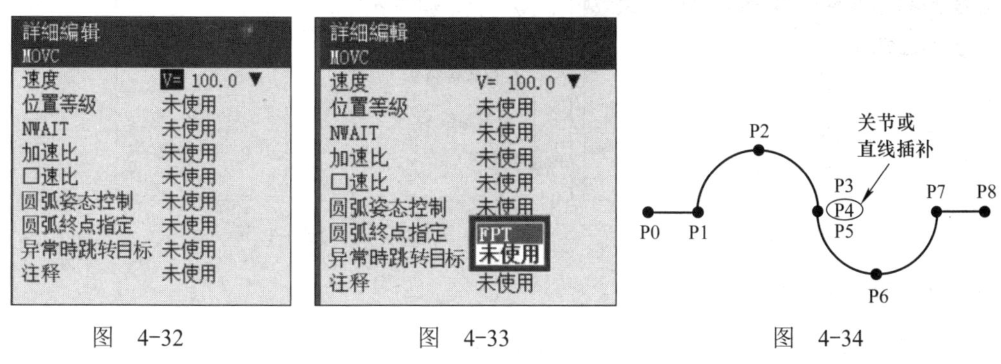

图　4-32　　　　图　4-33　　　　图　4-34

表　4-4

点	插补方法	命　令
P0	关节或直线	MOVJ 或 MOVL
P1 ～ P3	圆弧	MOVC
P4	关节或直线	MOVJ 或 MOVL
P5 ～ P7	圆弧	MOVC
P8	关节或直线	MOVJ 或 MOVL

4.5　直线增量移动指令 IMOV

IMOV 指令的含义为通过直线移动的方式从当前位置移动设定的增量值。

使用示例：IMOV P000 V=138 PL=0 RF

示例说明：按照 P000 中设定的增量值，在工业机器人坐标系中从当前位置以 138cm/min 的速度，直线移动至新的位置。

1. 位置型变量 P××× 的增量值设定说明

IMOV 指令中的增量值 P××× 需是参考三维笛卡儿直角坐标系设定的，即不能是关节型位置数据。如图 4-35 设定的增量值表示沿着 X 轴的正方向前进 200mm。

2. 位置等级 PL 说明

位置等级 PL是指工业机器人通过示教位置时的接近度，其有 0 ～ 8 九个等级，如图 4-36 所示。

当位置等级 PL=0 时，工业机器人会准确到达示教位置，随着 PL 的值增大，工业机器人行走轨迹的幅度会逐渐变大。

小贴士：

当示教位置为不需要准确到达的过渡点时，合理使用 PL 可以使工业机器人的运行更为圆滑和流畅。

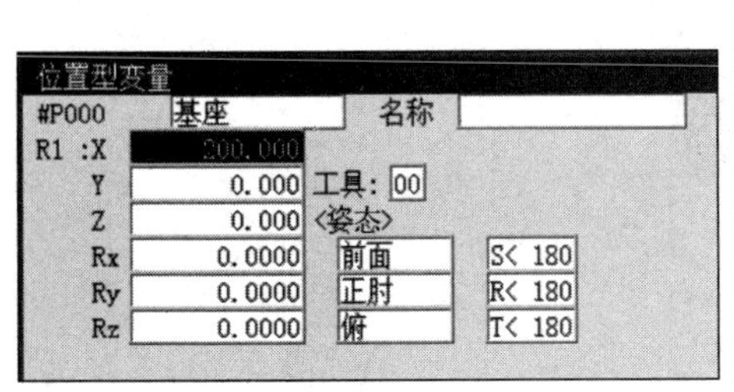

图 4-35

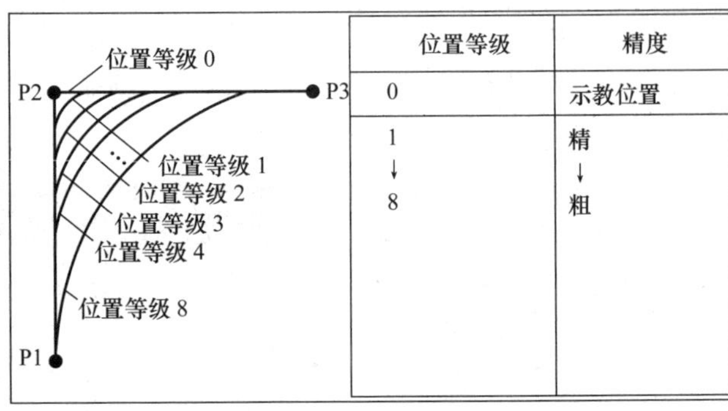

图 4-36

3. 参考坐标系说明

IMOV 移动指令参考坐标系的说明见表 4-5。

表 4-5

标　　号	说　　明
BF	指定基座坐标系中的增量值
RF	指定工业机器人坐标系中的增量值
TF	指定工具坐标系中的增量值
UF#（用户坐标序号）	指定用户坐标系中的增量值

4.6　平移指令

平移是指工业机器人原有示教程序点根据设定的增量值，在笛卡儿直角坐标系下进行等距移动。平移指令由 SFTON 和 SFTOF 组成，这两个指令之间的所有移动指令都会根据设定的增量值进行平移。程序点的平移示例和程序的平移示例如下所示。

1. 程序点的平移示例

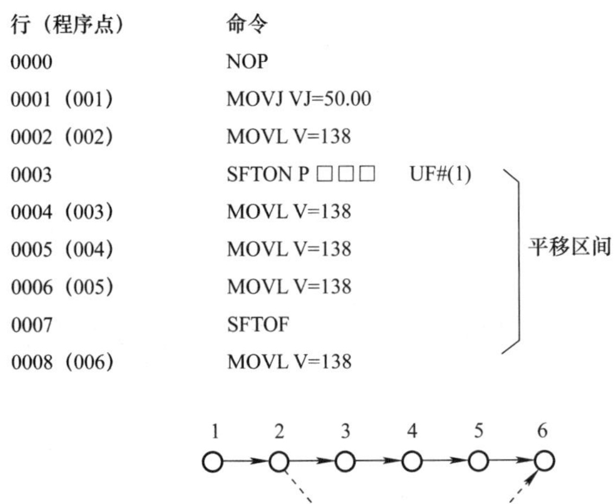

行（程序点）	命令
0000	NOP
0001（001）	MOVJ VJ=50.00
0002（002）	MOVL V=138
0003	SFTON P □□□　UF#(1)
0004（003）	MOVL V=138
0005（004）	MOVL V=138
0006（005）	MOVL V=138
0007	SFTOF
0008（006）	MOVL V=138

2. 程序的平移示例

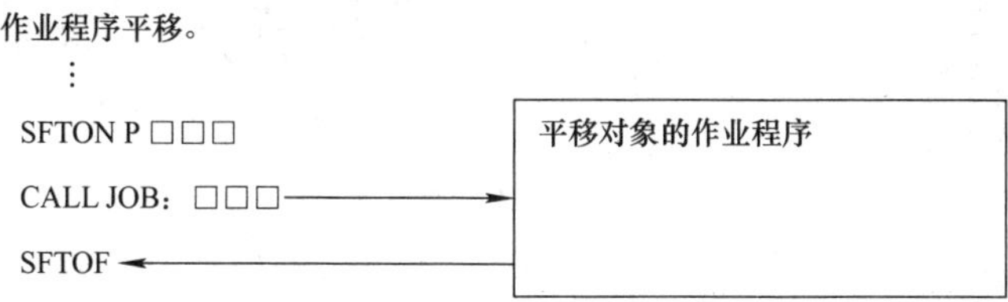

说明：平移量的设定，可以参考图 4-35。

4.7　速度指令 SPEED

速度指令 SPEED 用于设定再现速度。当程序的移动命令中没有指定速度时，按 SPEED 命令指定的速度运行。

示例：

```
NOP
MOVJ VJ=100.00                    ；以 100.00% 的关节速度移动
MOVL V=138                        ；以 138cm/min 的 TCP 速度移动
SPEED VJ=50.00 V=276 VR=30.0
MOVJ                              ；以 50.00% 的关节速度移动
MOVL                              ；以 276cm/min 的 TCP 速度移动
MOVL VR=60.0                      ；以 60.0°/s 的角速度移动
END
```

在移动指令中，默认显示的速度参数如何清除？删除默认显示的速度参数的方法如下：

1）移动光标至需要清除速度参数的指令行，如图 4-37 所示。

2）连按两次 [选择] 键，进入详细编辑界面，如图 4-38 所示。

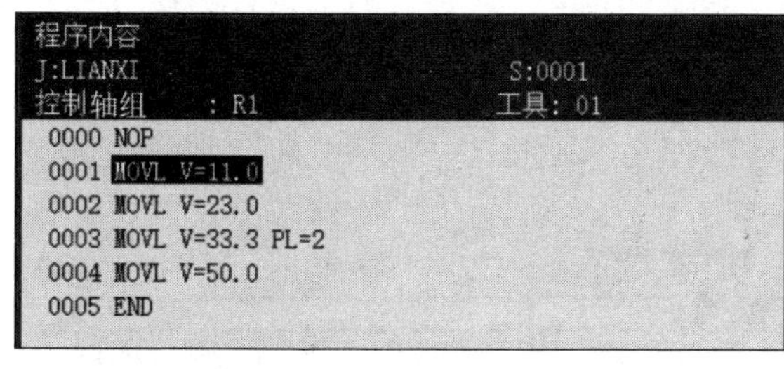

图　4-37

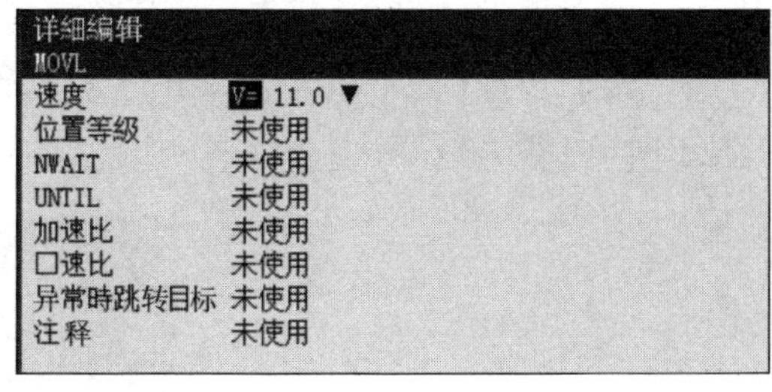

图　4-38

3）用光标选择“V=”处，即图 4-38 显示界面中高亮处，然后按下 [选择] 键，移动光标至“未使用”并按下 [选择] 键进行选择，如图 4-39 所示。

4）按 [回车] 键完成最终确定，完成后如图 4-40 所示。

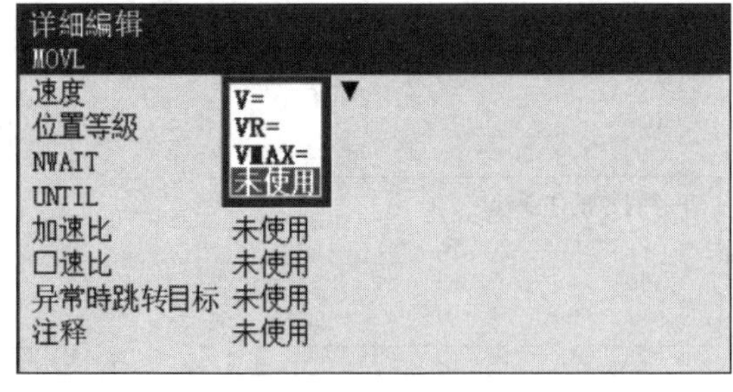

图 4-39

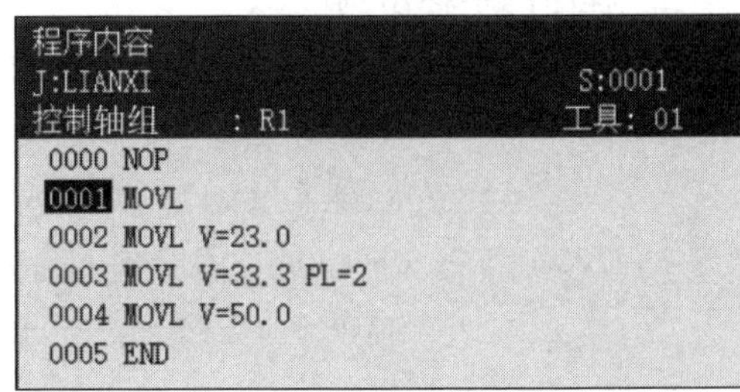

图 4-40

4.8 指令语句的编辑操作

本节主要对指令语句的语句元素修改、插补模式的修改、复制、剪切、粘贴、反转粘贴、注释化等常用编辑操作进行讲解。

1. 语句元素修改

（1）运行速度的修改 示例：把图 4-41 中的程序行 0002 的运行速度 V 的值更改为“100”。

修改步骤：

1）移动光标，选中需要修改的指令行，如图 4-42 所示。

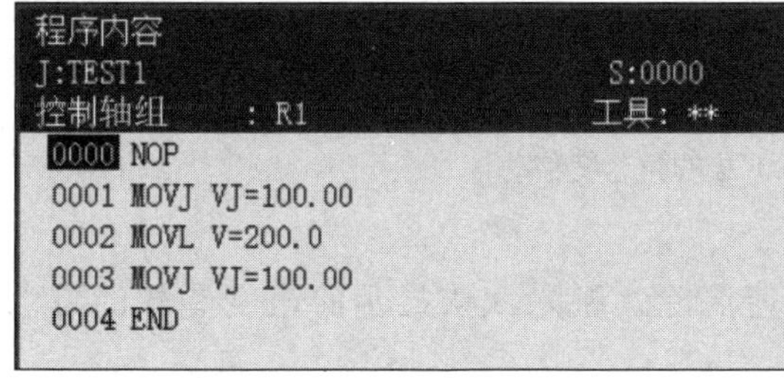

图 4-41

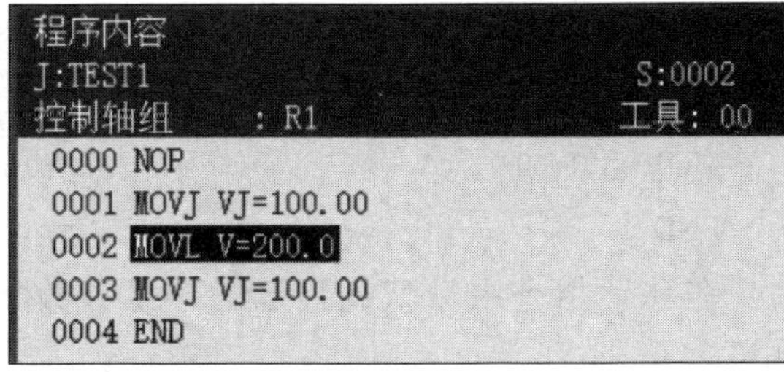

图 4-42

2）按 [选择] 键，使指令行在缓存区处于可编写状态。移动光标，选中速度参数，如图 4-43 所示。

3）按 [选择] 键，即可用弹出的虚拟键盘对速度值进行修改，如图 4-44 所示，最后通过按 [回车] 键完成确认。

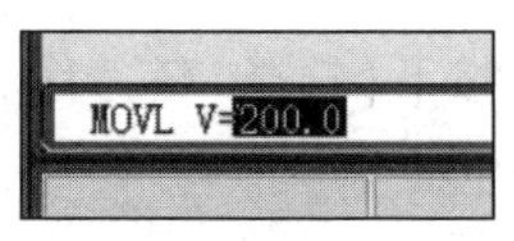

图 4-43

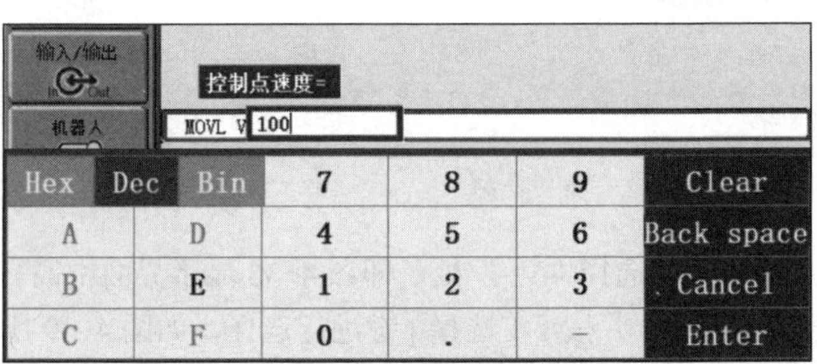

图 4-44

（2）VJ 值的修改　示例：把图 4-41 中的 VJ 的值都改为 50.00%。

修改步骤：

1）移动光标，选中任意指令行。单击“编辑”命令，在弹出的界面中单击“修改速度”命令，如图 4-45 所示。

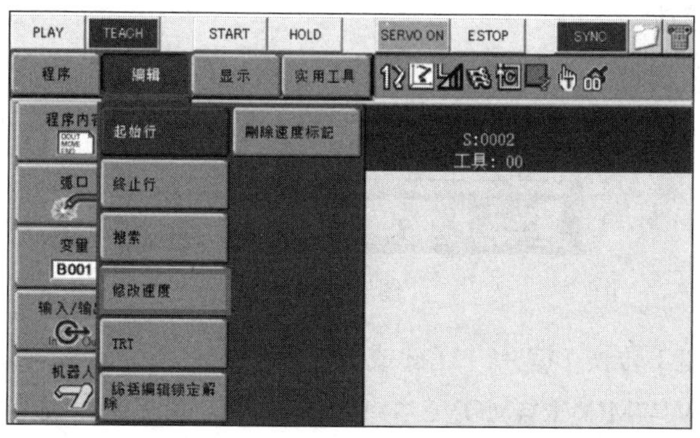

图　4-45

2）如图 4-46 所示，“速度种类”选择“VJ”，速度值设为“50.00%”。单击“执行”命令，可对速度单位进行批量修改操作。

补充说明：速度种类可以选择 VJ、V、VR、VE 四种类型，当速度种类选择为“关联”时，则所有速度类型会根据速度值比例进行同步修正。如图 4-47 所示，把速度种类设为“关联”，速度值设为“50.00%”，则图 4-41 的指令语句将会变为如图 4-48 所示。

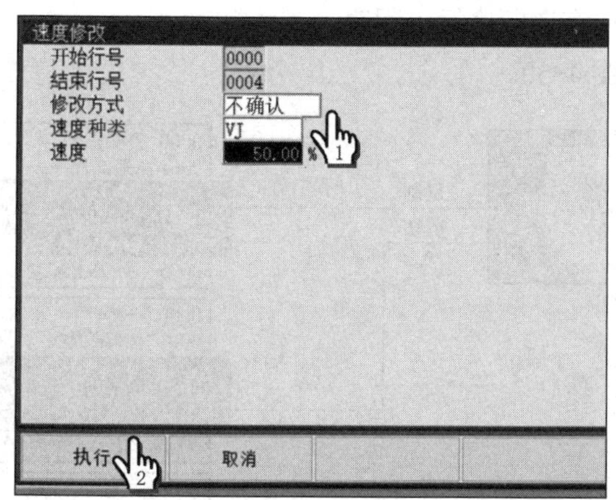

图　4-46

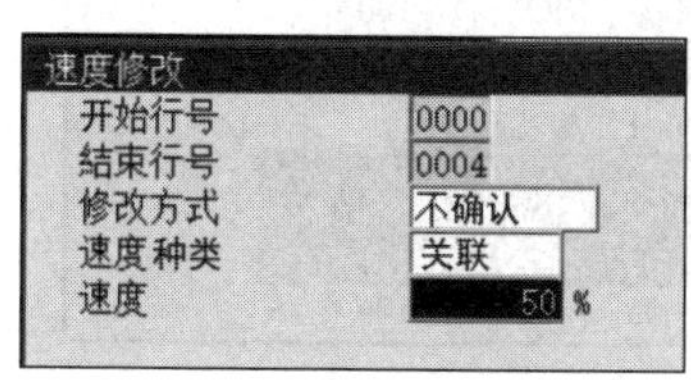

图　4-47

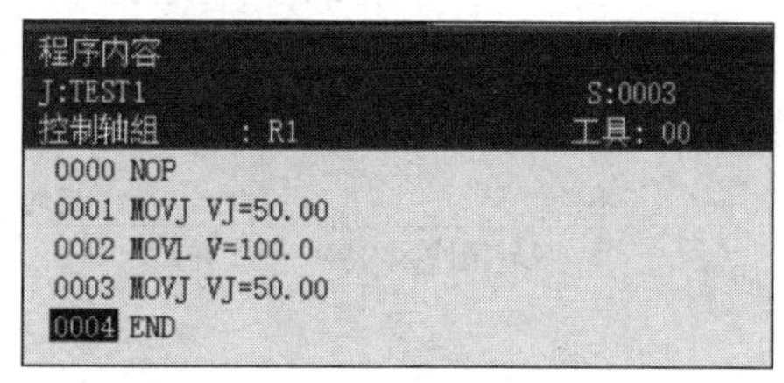

图　4-48

小贴士：

其他语句元素的修改方法与速度数值的操作类似，读者可以自行尝试，在这里不再进行赘述。

2. 插补模式的修改

1）选中需要修改插补方式的指令行，使其在缓冲区处于可编写状态，用光标选中插补指令，如图 4-49 所示。

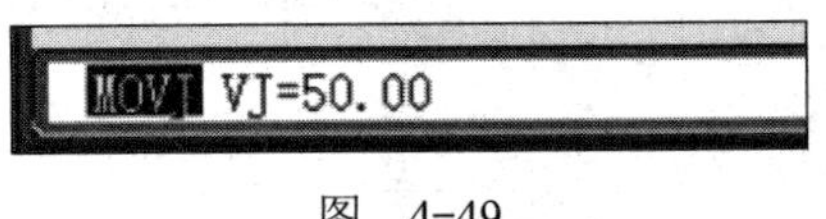

图 4-49

2）通过组合按键 [转换] 键 +[↑] 键或 [转换] 键 +[↓] 键，可以使缓冲区的插补指令依次按顺序在 MOVJ⇆MOVL⇆MOVC⇆MOVS 之间进行切换。确定需要修改的插补方式后，按 [回车] 键完成修改。

3. 复制、剪切、粘贴、反转粘贴

程序有复制、剪切、粘贴、反转粘贴 4 种编辑方式，具体说明如下：

复制：将指定的范围复制到缓冲区。

剪切：从程序中剪切指定范围，复制到缓冲区。

粘贴：将缓冲区的内容插入程序。

反转粘贴：将缓冲内容逆顺序插入程序。

应用差别可以查看图 4-50。

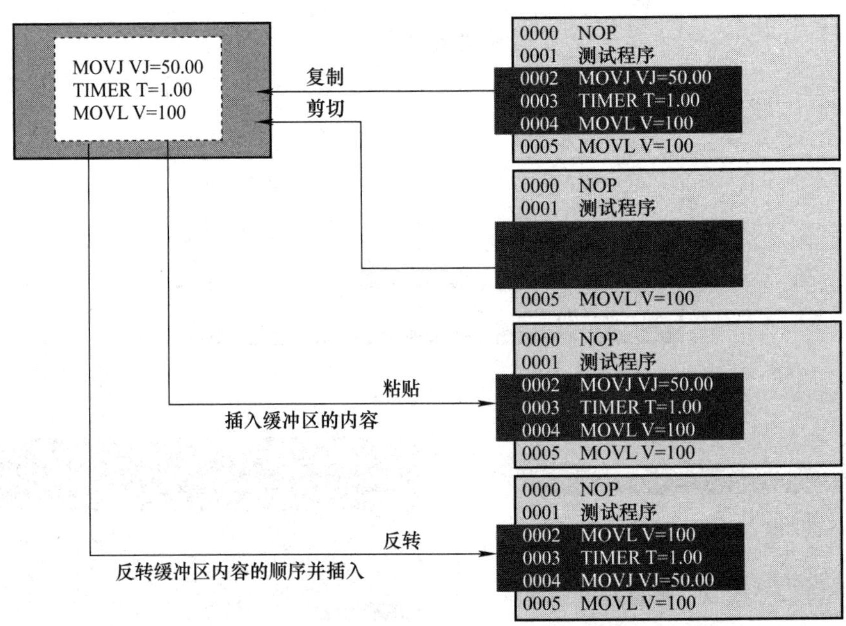

图 4-50

（1）复制、剪切操作步骤　在复制和剪切前，需要先选择范围。操作步骤为：

1）在程序内容界面移动光标到命令处，如图 4-51 所示。

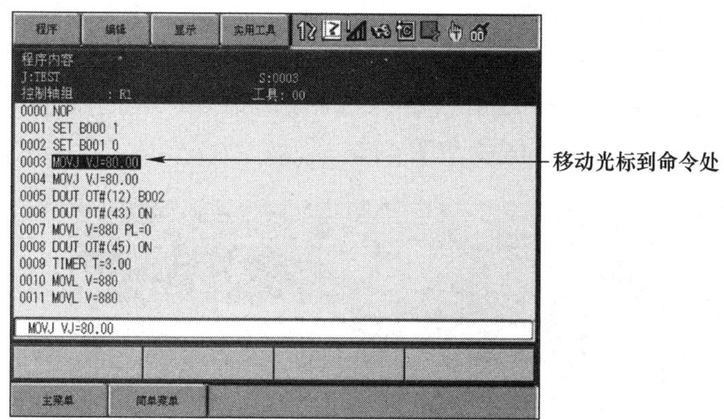

图　4-51

2）按下 [开始] 键 +[选择] 键，指定光标所在行为起始行，如图 4-52 所示。

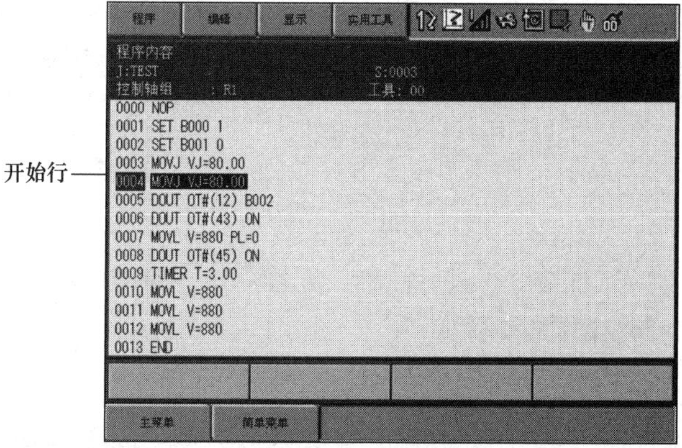

图　4-52

3）移动光标到结束行，即完成范围选定，如图 4-53 所示。

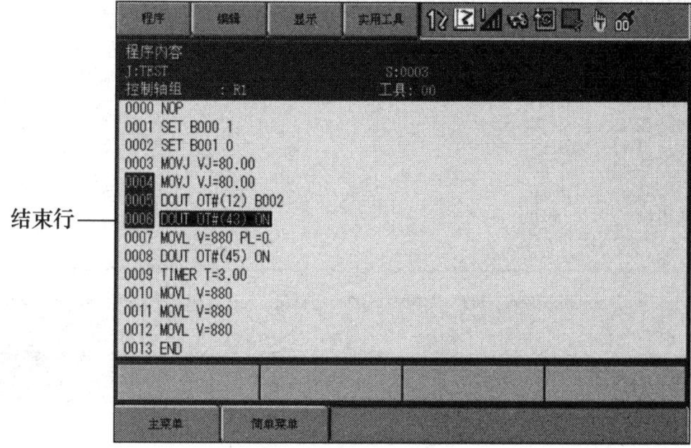

图　4-53

4）此时，单击菜单中的“编辑”命令，在弹出的界面中选择相应命令，可以进行复制、剪切操作，如图 4-54 所示。

（2）粘贴和反转粘贴操作步骤

1）粘贴前复制好需要粘贴内容，在程序内容界面移动光标到粘贴的前一行。

2）单击菜单中的“编辑”→“粘贴”或“反转粘贴”命令，并在弹出的对话框中单击“是”按钮，即可完成粘贴操作，如图 4-55 和图 4-56 所示。

图 4-54　　图 4-55　　图 4-56

4. 注释化操作

通过注释化标识“//”对指令行进行注释，在程序执行时被注释的指令行不会被执行。对指令行进行注释化操作的步骤如下：

1）移动光标至要注释的行的指令内容处，如图 4-57 所示。

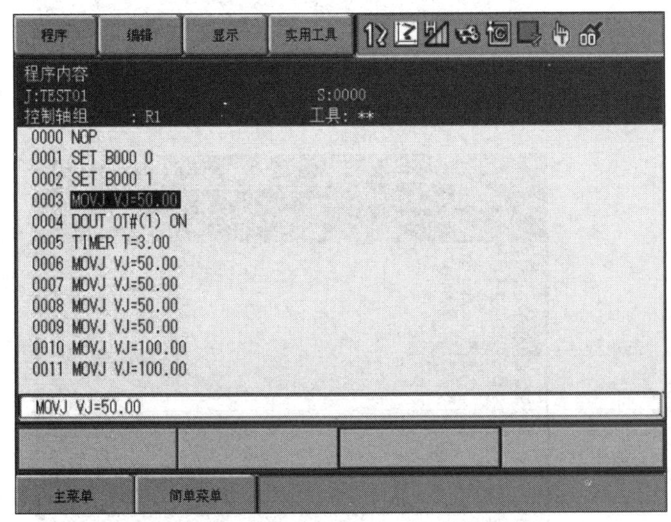

图 4-57

2）按下 [转换] 键 +[选择] 键，进入选择状态，如图 4-58 所示。

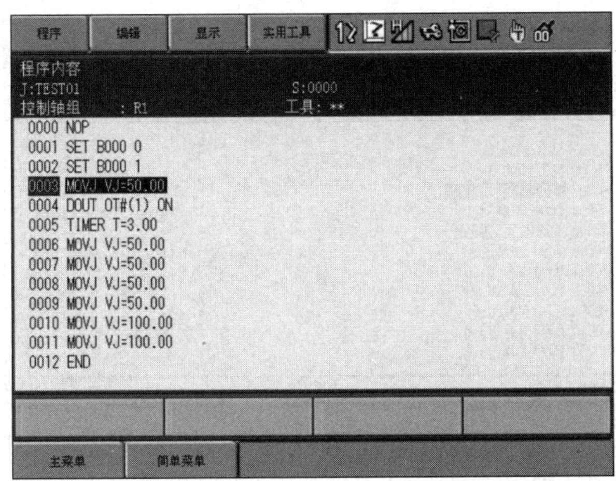

图　4-58

小贴士：

在当前选择状态，移动光标可以选择多行，并可以对多行执行注释化操作。

3）如图 4-59 所示，单击菜单中的“编辑”→“注释化”命令，即可完成对指令行的注释化操作。

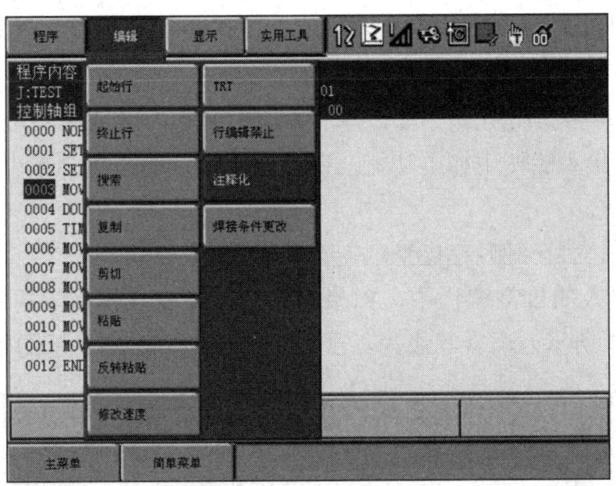

图　4-59

注释化操作结果如图 4-60 所示。

小贴士：

1）对注释化的行进行更改，需要先“去注释化行”，去注释化的操作与注释化操作相同。

2）NOP 和 END 不能进行注释化。

3）两方面的命令不能只对其中一方进行注释，要两者同时进行，比如“IF THEN, ENDIF”“SWITCH, ENDSWITCH”，注释操作为“//IF THEN, //END IF”“//SWITCH, //ENDSWITCH”

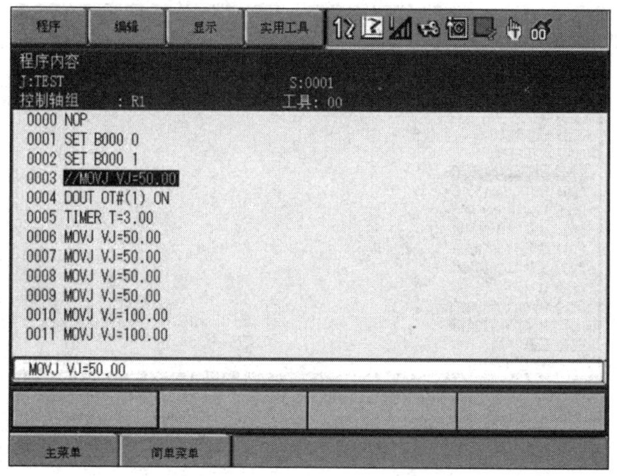

图 4-60

4.9 指令子集模式切换

为提高操作效率，通过命令集可限制示教时可使用命令的个数。在语言等级中可以设定为子集、标准、扩展三个等级。

子集：只有使用频率比较高的命令才显示。由于命令数目少，选择和输入操作都比较简单。

标准集 / 扩展集：可使用所有命令。标准集和扩展集的区别主要是各命令能使用的附加项的个数不同。标准集不能使用如下功能，在使用时命令的数目会减少，操作方便些。

1）使用局部变量。

2）附加项目使用变量（例：MOVJ VJ=I000）。

在安川工业机器人的日常编程中，如果遇到有的命令找不到，可能就是语言等级设定为“子集”，图 4-61 所示为语言等级为“子集”时控制命令中显示的数量。

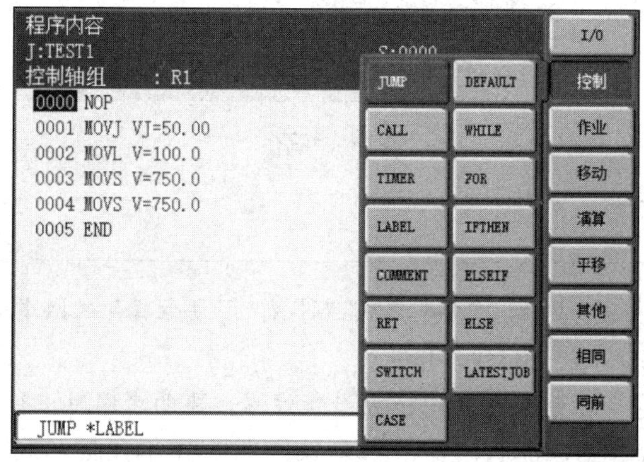

图 4-61

单击主菜单中的“设置”→“示教条件设定”命令，进入语言设定界面，可以把语言等级设定为“标准”，如图 4-62 所示。

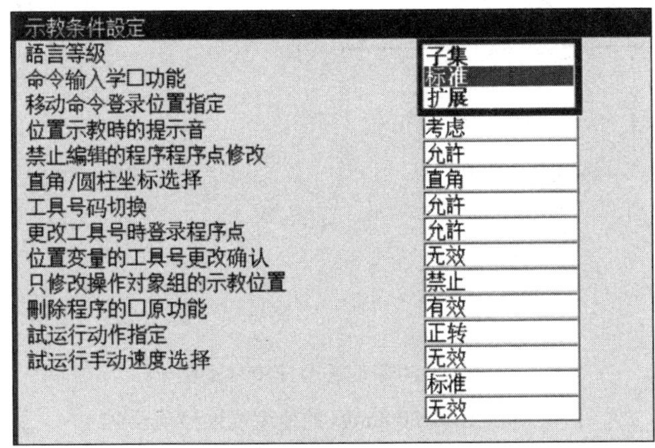

图　4-62

此时，再查看控制命令中的命令数量，可以发现多了很多，如图 4-63 所示。

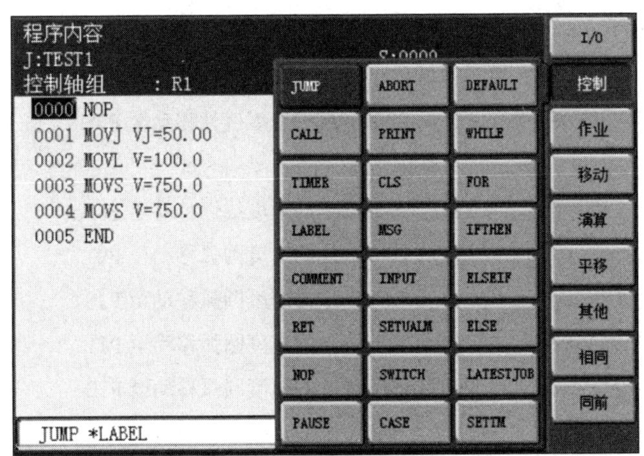

图　4-63

4.10　运动指令综合编程

现有如图 4-64 所示的轨迹编写练习题，具体要求为：

1）轨迹运行方向为从 P1 至 P12 逐渐进行。

2）P1 点以 MOVJ 方式运行。

3）MOVJ 运行速度为 50%，MOVL、MOVC 运行速度为 200mm/s。

4）P6' 和 P7' 是 P6 和 P7 往 Y 方向平移 20mm 后的位置点，要求使用平移指令使 P6' 和 P7' 替代 P6 和 P7 成为新的路径点。

5）目标点通过现场示教的方式确定。

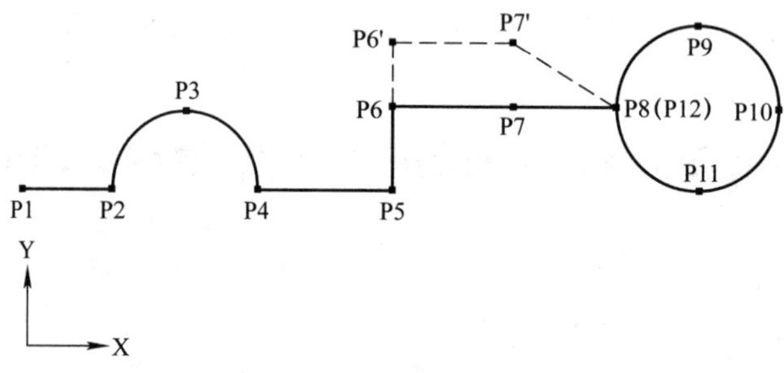

图 4-64

示例程序：

```
NOP
MOVJ VJ=50.00              ；以 50% 的关节速度移动至 P1
MOVC V=200.00              ；以 200mm/s 的速度线性移动至 P2
MOVC V=200.00              ；以 200mm/s 的速度沿圆弧移动至 P3
MOVC V=200.00              ；以 200mm/s 的速度圆弧移动至 P4
MOVL V=200.00              ；以 200mm/s 的速度线性移动至 P5
SFTON P001 UF#(1)          ；启动平移，平移量为 P001
MOVL V=200.00              ；以 200mm/s 的速度线性移动至 P6'
MOVL V=200.00              ；以 200mm/s 的速度线性移动至 P7'
SFTOF                      ；结束平移
MOVC V=200.00              ；以 200mm/s 的速度线性移动至 P8
MOVC V=200.00              ；以 200mm/s 的速度圆弧移动至 P9
MOVC V=200.00 FTP          ；以 200mm/s 的速度圆弧移动至 P10
MOVC V=200.00              ；以 200mm/s 的速度圆弧移动至 P11
MOVC V=200.00              ；以 200mm/s 的速度圆弧移动至 P12
END
```

4.11 课后练习题

1．安川工业机器人（　　）模式可以进行轴操作或编辑作业。

A．PLAY　　B．TEACH　　C．REMOTE　　D．AUTO

2．安川工业机器人的程序起始标识和结束标识分别是（　　）。

A．NOP，END　　B．FOR，ENDFOR

C．PROC，ENDPROC　　D．WHILE，ENDWHILE

3．下面（　　）指令的速度单位与其他指令速度单位不相同。

A．MOVL　　B．MOVS　　C．MOVC　　D．MOVJ

4．关于 MOVJ 指令，下面速度值错误的是（　　）。

A．VJ=50　　B．VJ=1　　C．VJ=150　　D．VJ=100

5. 安川工业机器人进行连续试运行的组合键是（　　）。

A. [前进] 键　　B. [联锁] 键和 [前进] 键

C. [联锁] 键 +[试运行] 键　　D. [试运行] 键

6. [判断题] 安川工业机器人程序中已经示教的位置点无法进行示教修改。（　　）

7. [判断题]IMOV 指令的含义为通过直线移动的方式从当前位置移动设定的增量值。（　　）

8. [判断题]SPEED 指令对带有速度参数的运动指令同样生效。（　　）

9. [判断题] 要进行再现运行，就要保证程序是经过调试无误的。（　　）

10. [判断题] 安川工业机器人 MOVL 指令的速度单位有 mm/s 和 cm/min 两种。（　　）

第 5 章

通用 I/O 信号操作与编程应用

➲ 知识要点：

1. 通用 I/O 基板介绍。
2. 通用 I/O 信号分配。
3. I/O 信号电气接线。
4. I/O 信号状态查看与修改。
5. 用户功能键定义。
6. I/O 指令编程应用。
7. MotoSimEG 虚拟仿真。

➲ 技能目标：

1. 掌握通用 I/O 信号分配。
2. 熟练 I/O 信号电气接线。
3. 查看 I/O 信号状态与修改。
4. 掌握用户功能键定义。
5. 熟练 I/O 指令编程应用。

5.1 通用 I/O 基板

5.1.1 通用 I/O 基板：JANCD-YI021-E

通用 I/O 基板上的数字输入和数字输出（工业机器人通用输入和输出）用的插头有 4 个。

输入输出点数：输入和输出共 40 点。

输入和输出的分配有专用输入和专用输出、通用输入和通用输出两种，根据用途会有所不同。

专用输入和输出是事前分配好的信号，主要是夹具控制柜、集中控制柜等外部操作设备作为系统来控制工业机器人及相关设备的时候使用。

通用输入和输出主要是在机器人的操作程序中使用，作为机器人和周边设备的即时信号。

另外，与工业机器人通用输入和输出信号插头的连接、启动和停止等相关的输入和输出信号，请分别参照通用 I/O 基板（JANCD-YI021-E）（图 5-1）中所示“机器人通用插头（CN306、307、308、309) 的连接”“关于启动、停止的专用输出入信号”。

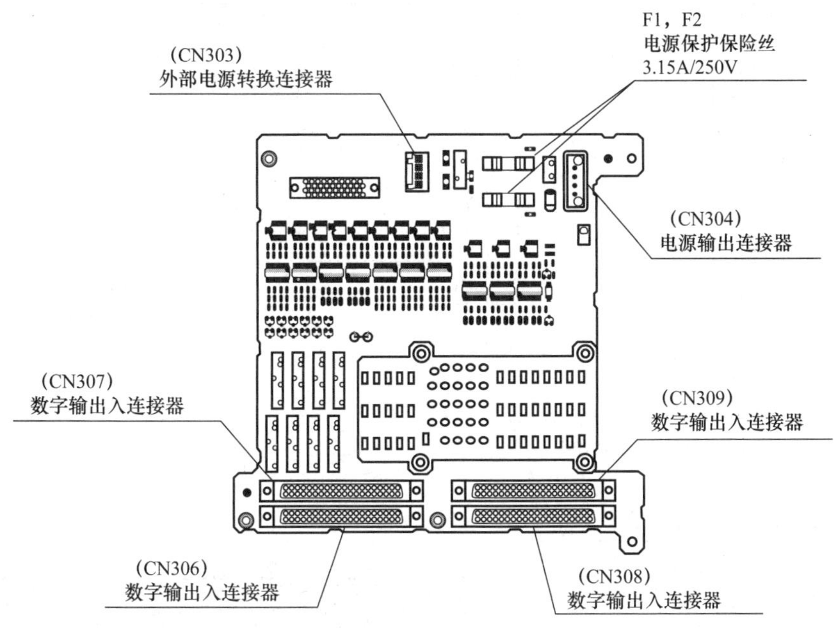

图 5-1

机器人通用输出入连接器（CN306、307、308、309）的连接如图 5-2 所示。

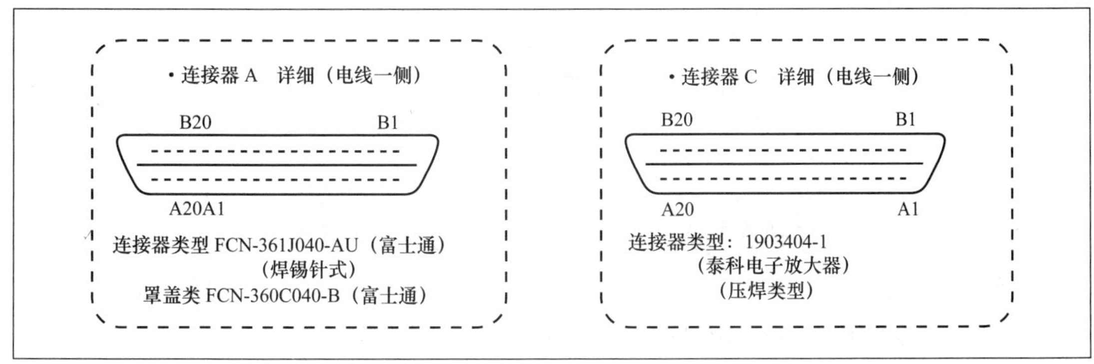

图 5-2

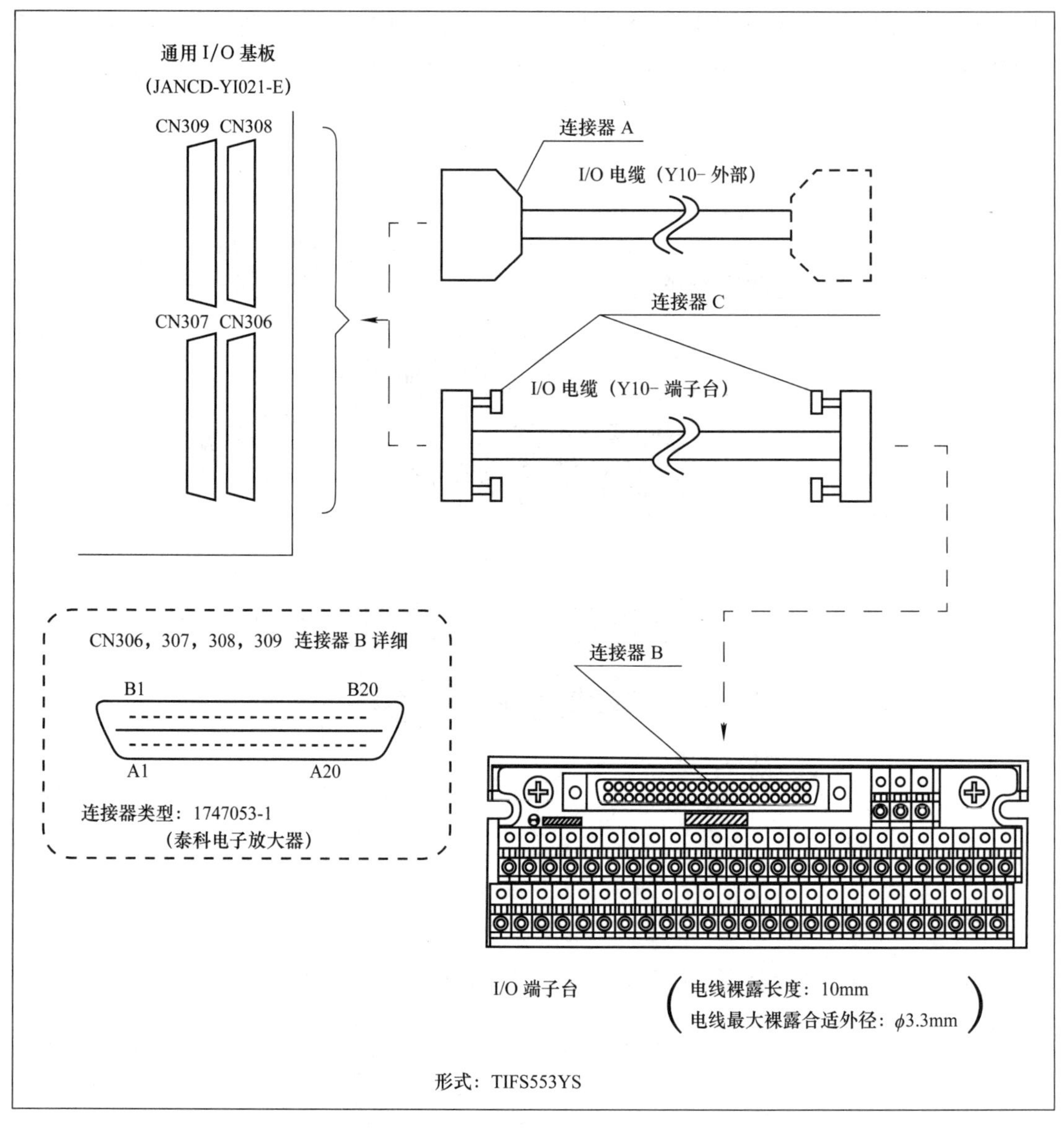

图 5-2（续）

安川工业机器人出厂时输入输出电源设定为内部电源。如果使用外部电源，请按照以下步骤连接：

1）拆下连接通用 I/O 基板的 CN303-1 ～ 3 和 -2 ～ 4 的配线。

2）将 +24V 外部电源连接到通用 I/O 基板的 CN303-1，0V 连接到 CN303-2 上。

关于 CN303 插头的配线，输入输出用外部电源的连接如图 5-3 所示。

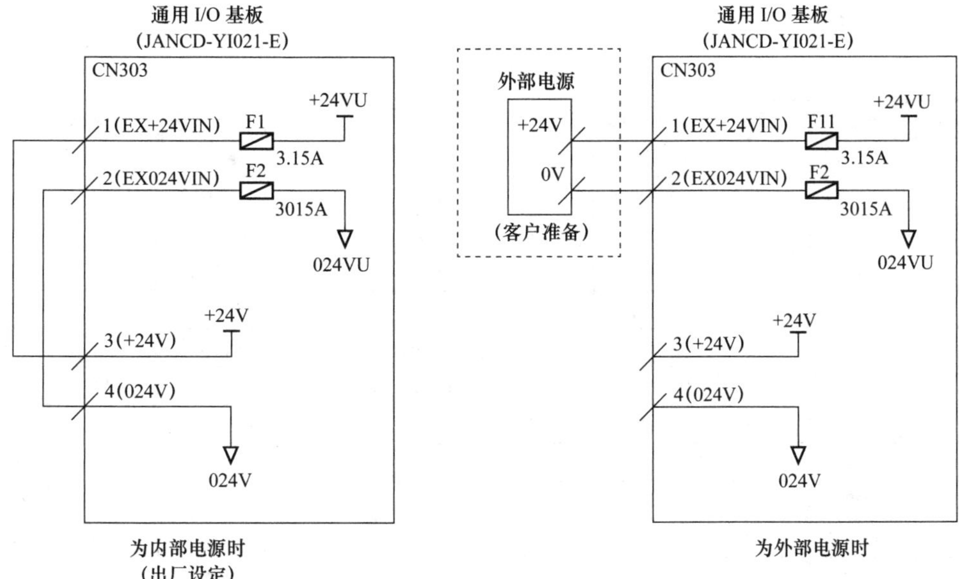

图　5-3

5.1.2　机械安全端子台基板

机械安全端子台基板（JANCD-YFC22-E）如图 5-4 所示，是为了连接安全输出输入信号等专用外部信号的端子台基板。各信号的连接，分别参照图 5-4 的连接。

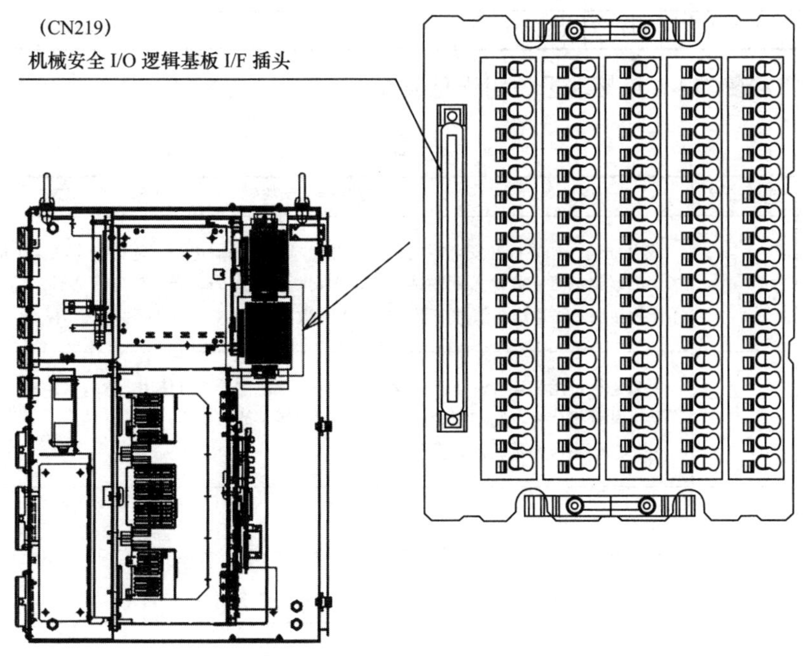

图　5-4

安全基板各端口名称见表 5-1。

表 5-1

连接编号	信号名称	连接编号	信号名称	连接编号	信号名称	连接编号	信号名称	连接编号	信号名称
100	AXOUT2	80	GSEDM2-	60	PBESP4-	40	ONEN42-	20	EXHOLD-
99	AXOUT1	79	GSEDM2+	59	PBESP4+	39	ONEN42+	19	EXHOLD+
98	AXIN2	78	GSEDM1-	58	PBESP3-	38	ONEN41-	18	SSP-
97	AXIN1	77	GSEDM1+	57	PBESP3+	37	ONEN41+	17	SSP+
96	AXIN_COM	76	GSOUT22-	56	PPESP4-	36	ONEN32-	16	FST2-
95	024V2	75	GSOUT22+	55	PPESP4+	35	ONEN32+	15	FST2+
94	024V2	74	GSOUT21-	54	PPESP3-	34	ONEN31-	14	FST1-
93	+24V2U3	73	GSOUT21+	53	PPESP3+	33	ONEN31+	13	FST1+
92	+24V2U3	72	GSOUT12-	52	OT42-	32	ONEN22-	12	EXDSW2-
91	AXDIN6	71	GSOUT12+	51	OT42+	31	ONEN22+	11	EXDSW2+
90	AXDIN5	70	GSOUT11-	50	OT41-	30	ONEN21-	10	EXDSW1-
89	AXDIN4	69	GSOUT11+	49	OT41+	29	ONEN21+	9	EXDSW1+
88	AXDIN3	68	GSIN22-	48	OT32-	28	ONEN12-	8	EXESP2-
87	AXDIN2	67	GSIN22+	47	OT32+	27	ONEN12+	7	EXESP2+
86	AXDIN1	66	GSIN21-	46	OT31-	26	ONEN11-	6	EXESP1-
85	AXDIN_COM	65	GSIN21+	45	OT31+	25	ONEN11+	5	EXESP1+
84	024V2	64	GSIN12-	44	OT22-	24	SYSRUN-	4	SAFF2-
83	024V2	63	GSIN12+	43	OT22+	23	SYSRUN+	3	SAFF2+
82	+24V2U3	62	GSIN11-	42	OT21-	22	EXSVON-	2	SAFF1-
81	+24V2U3	61	GSIN11+	41	OT21+	21	EXSVON+	1	SAFF1+

JANCD-YFC22-E 连接端子说明详见表 5-2。

表 5-2

信号名称	连接编号	双路输入内容	出厂设定
SAFF1+ SAFF1- SAFF2+ SAFF2-	-1 -2 -3 -4	安全插销：如果打开安全栏的门，用此信号切断伺服电源。连接安全栏门上的安全插销的联锁信号。如输入此联锁信号，则切断伺服电源。当此信号接通时，伺服电源不能被接通。注意这些信号在示教模式下无效	用跳线短接
EXESP1+ EXESP1- EXESP2+ EXESP2-	-5 -6 -7 -8	外部急停：用来连接一个外部操作设备的外部急停开关时使用 接入此联锁信号，则切断伺服电源，伺服电源不能被接通 外部急停信号在示教模式下无效	用跳线短接
EXDSW1+ EXDSW1- EXDSW2+ EXDSW2-	-9 -10 -11 -12	外部安全开关：当两人进行示教时，为没有拿示教编程器的人连接一个安全开关	用跳线短接
FST1+ FST1- FST2+ FST2-	-13 -14 -15 -16	维护输入：在示教模式的测试运行下，解除低速极限 短路输入时，测试运行的速度是示教时的 100% 速度 输入打开时，在 SSP 输入信号的状态下，选择第 1 低速（16%）或者选择第 2 低速（2%）	开路

（续）

信号名称	连接编号	双路输入内容	出厂设定
SSP+	-17	选择低速模式：在这个输入状态下，决定了 FST（全速测试）打开时的测试运行速度 17、18 断开时：第 2 低速（2%）17、18 接通时：第 1 低速（16%）	用跳线短接
SSP-	-18		
EXHOLD+	-19	外部暂停：用来连接一个外部操作设备的暂停开关。如果输入此信号，则程序停止执行。当输入该信号时，不能进行启动和轴操作	用跳线短接
EXHOLD-	-20		
EXSVON+	-21	外部伺服 ON：连接外部操作机器等的伺服 ON 开关时使用。通信时，伺服电源打开	打开
EXSVON-	-22		
SYSRUN+	-23	SYSRUN 信号：根据 SYSRUN 信号判断 DX200 控制柜的正常 / 异常状态时使用	打开
SYSRUN-	-24		
ONEN11+	-25	伺服接通启用：在工业机器人系统分为多个伺服区域时，单独开启 / 关闭各区域的伺服电源的功能。使用此信号连接	跳线短接
ONEN11-	-26		
ONEN12+	-27		
ONEN12-	-28		
ONEN21+	-29		
ONEN21-	-30		
ONEN22+	-31		
ONEN22-	-32		
ONEN31+	-33		
ONEN31-	-34		
ONEN32+	-35		
ONEN32-	-36		
ONEN41+	-37		
ONEN41-	-38		
ONEN42+	-39		
ONEN42-	-40		
OT21+	-41	外部轴超程：外部轴等工业机器人本体以外部分防超程使用	开路
OT21-	-42		
OT22+	-43		
OT22-	-44		
OT31+	-45		
OT31-	-46		
OT32+	-47		
OT32-	-48		
OT41+	-49		
OT41-	-50		
OT42+	-51		
OT42-	-52		
PPESP3+	-53	急停按钮接点输出：示教编程器急停按钮的触点接通时使用	开路
PPESP3-	-54		
PPESP4+	-55		
PPESP4-	-56		
PBESP3+	-57	在 DX200 控制柜门前的急停按钮触点接通时使用	
PBESP3-	-58		
PBESP4+	-59		
PBESP4-	-60		

（续）

信号名称	连接编号	双路输入内容	出厂设定
GSIN11+ GSIN11- GSIN12+ GSIN12- GSIN21+ GSIN21- GSIN22+ GSIN22-	-61 -62 -63 -64 -65 -66 -67 -68	通用安全输入：通用安全输入信号用于安全逻辑回路功能	打开
GSOUT11+ GSOUT11- GSOUT12+ GSOUT12- GSOUT21+ GSOUT21- GSOUT22+ GSOUT22- GSEDM1+ GSEDM1- GSEDM2+ GSEDM2-	-69 -70 -71 -72 -73 -74 -75 -76 -77 -78 -79 -80	通用安全输出：通用安全输出信号用于安全逻辑回路功能	打开
+24V2U3	-81 -82 -92 -93	DC+24V2 输出端子	打开
024V2	-83 -84 -94 -95	DC024V2 输出端子	打开
AXDIN_COM AXDIN1 AXDIN2 AXDIN3 AXDIN4 AXDIN5 AXDIN6	-85 -86 -87 -88 -89 -90 -91	直接输入（伺服）：输入搜索功能等快速响应信号时使用	打开
AXIN_COM AXIN1 AXIN2	-96 -97 -98	通用输入（伺服）：输入外部通用信号时使用	打开
AXOUT1 AXOUT2	-99 -100	通用输出（伺服）：向外部输入信号时使用	打开

5.2　通用 I/O 信号分配

工业机器人通用输入输出信号分配按工业机器人用途可以分为：弧焊用途、点焊用途、搬运用途、通用用途，接下来重点以通用用途为例进行讲解。（通用用途）JANCD-YI021-E（CN306 插头～ CN309 插头）I/O 分配如图 5-5 ～图 5-8 所示。

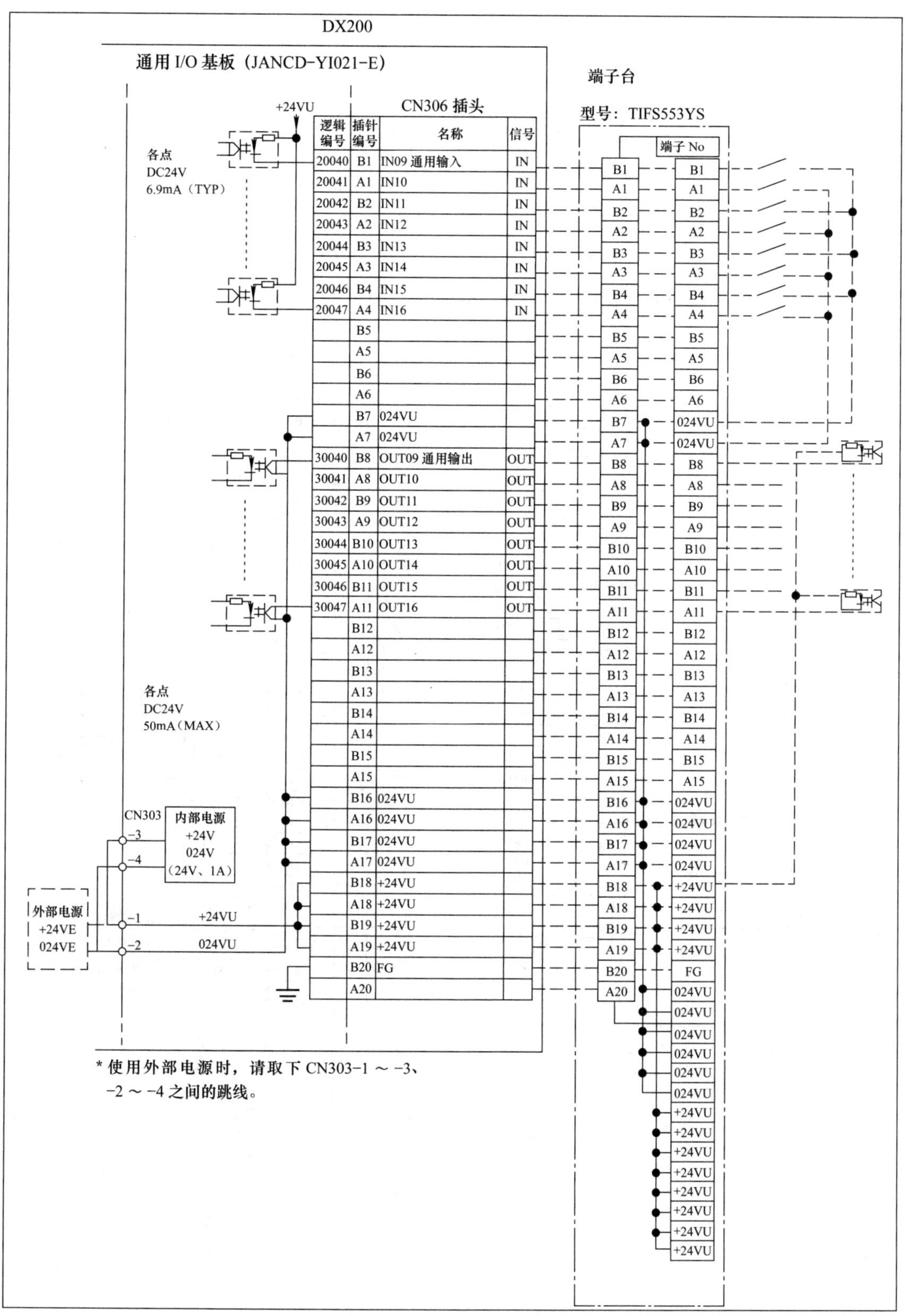
DX200
通用 I/O 基板（JANCD-YI021-E）
端子台
型号：TIFS553YS
+24VU
CN306 插头
逻辑编号
插针编号
名称
信号
端子 No
各点
DC24V
6.9mA（TYP）
20040 B1 IN09 通用输入 IN
20041 A1 IN10 IN
20042 B2 IN11 IN
20043 A2 IN12 IN
20044 B3 IN13 IN
20045 A3 IN14 IN
20046 B4 IN15 IN
20047 A4 IN16 IN
B5
A5
B6
A6
B7 024VU
A7 024VU
30040 B8 OUT09 通用输出 OUT
30041 A8 OUT10 OUT
30042 B9 OUT11 OUT
30043 A9 OUT12 OUT
30044 B10 OUT13 OUT
30045 A10 OUT14 OUT
30046 B11 OUT15 OUT
30047 A11 OUT16 OUT
B12
A12
B13
A13
B14
A14
B15
A15
B16 024VU
A16 024VU
B17 024VU
A17 024VU
B18 +24VU
A18 +24VU
B19 +24VU
A19 +24VU
B20 FG
A20
各点
DC24V
50mA（MAX）
CN303
内部电源
+24V
024V
（24V、1A）
-3
-4
-1
-2
外部电源
+24VE
024VE
+24VU
024VU
* 使用外部电源时，请取下 CN303-1 ～ -3、
-2 ～ -4 之间的跳线。

图 5-5

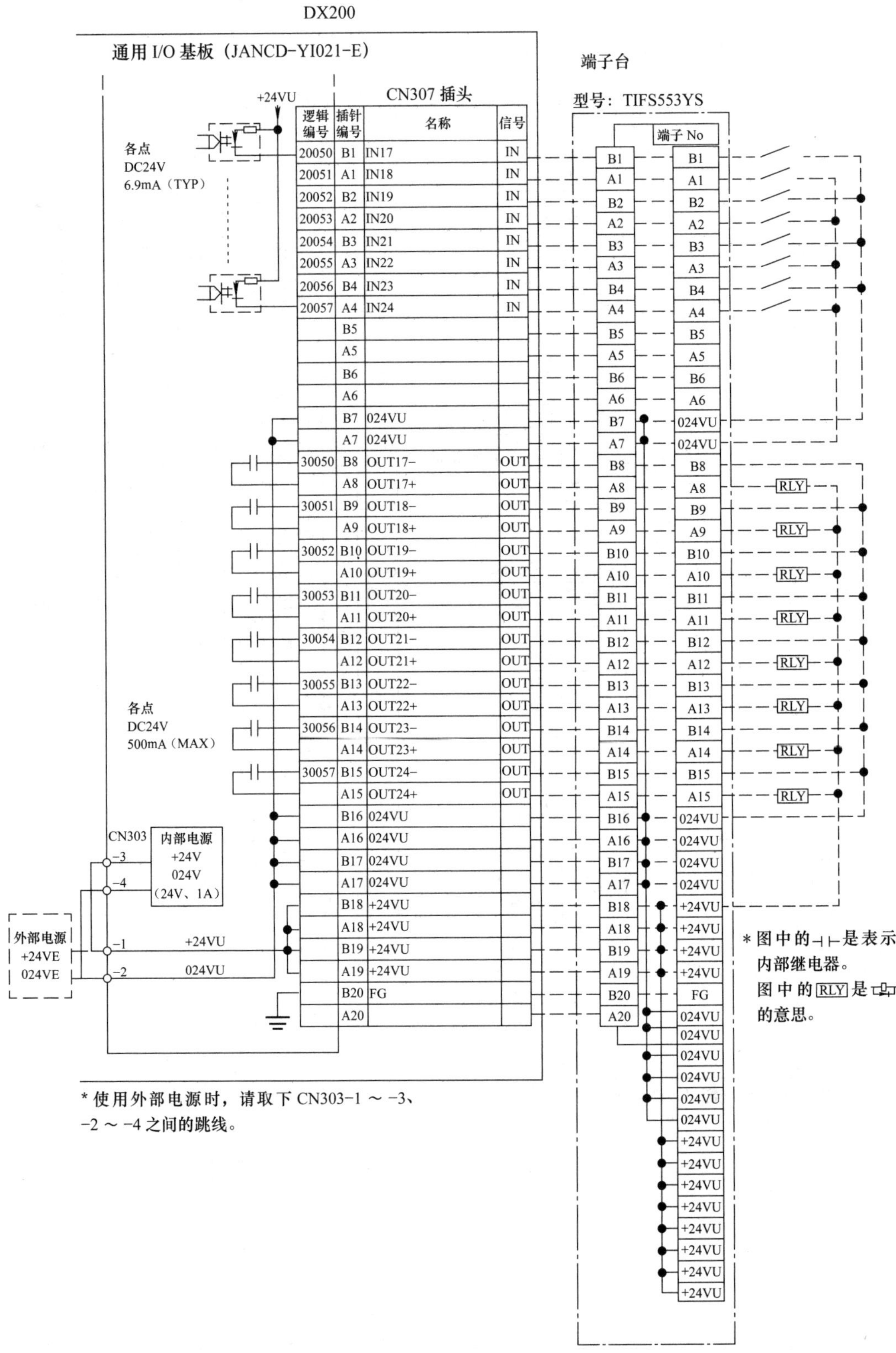
DX200
通用 I/O 基板（JANCD-YI021-E）
CN307 插头
逻辑编号
插针编号
名称
信号
+24VU
各点
DC24V
6.9mA（TYP）
20050 B1 IN17 IN
20051 A1 IN18 IN
20052 B2 IN19 IN
20053 A2 IN20 IN
20054 B3 IN21 IN
20055 A3 IN22 IN
20056 B4 IN23 IN
20057 A4 IN24 IN
B5
A5
B6
A6
B7 024VU
A7 024VU
30050 B8 OUT17− OUT
A8 OUT17+ OUT
30051 B9 OUT18− OUT
A9 OUT18+ OUT
30052 B10 OUT19− OUT
A10 OUT19+ OUT
30053 B11 OUT20− OUT
A11 OUT20+ OUT
30054 B12 OUT21− OUT
A12 OUT21+ OUT
30055 B13 OUT22− OUT
A13 OUT22+ OUT
30056 B14 OUT23− OUT
A14 OUT23+ OUT
30057 B15 OUT24− OUT
A15 OUT24+ OUT
B16 024VU
A16 024VU
B17 024VU
A17 024VU
B18 +24VU
A18 +24VU
B19 +24VU
A19 +24VU
B20 FG
A20
各点
DC24V
500mA（MAX）
CN303
内部电源
+24V
024V
（24V、1A）
−3
−4
−1
−2
外部电源
+24VE
024VE
+24VU
024VU
端子台
型号：TIFS553YS
端子 No
B1 A1 B2 A2 B3 A3 B4 A4 B5 A5 B6 A6 B7 A7 B8 A8 B9 A9 B10 A10 B11 A11 B12 A12 B13 A13 B14 A14 B15 A15 B16 A16 B17 A17 B18 A18 B19 A19 B20 A20
024VU
+24VU
FG
RLY
＊图中的⊣⊢是表示内部继电器。
图中的RLY是表示的意思。
＊使用外部电源时，请取下 CN303-1 ～ -3、-2 ～ -4 之间的跳线。

图 5-6

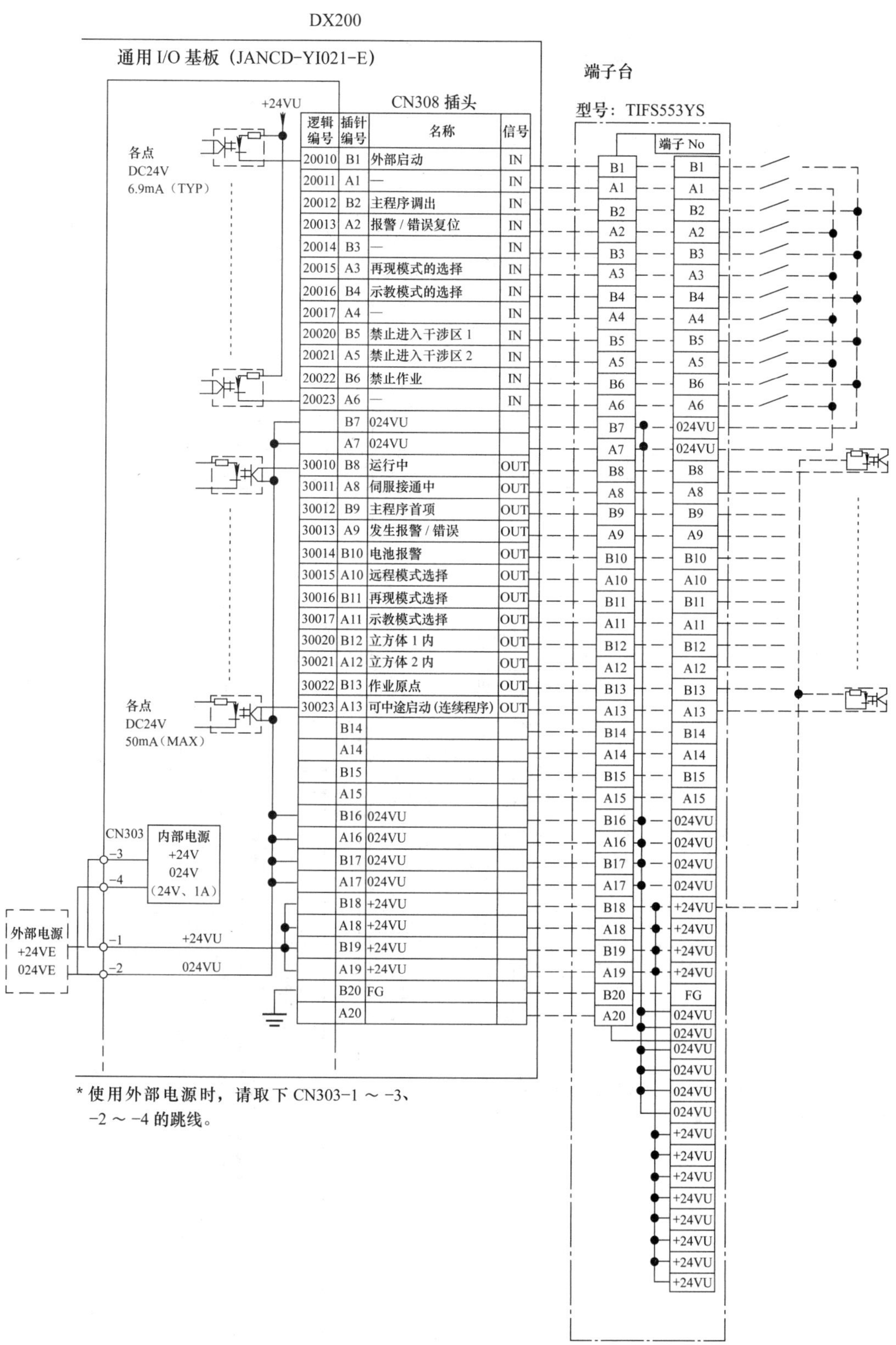
DX200
通用 I/O 基板（JANCD-YI021-E）
CN308 插头
+24VU
各点
DC24V
6.9mA（TYP）
逻辑编号 插针编号 名称 信号
20010 B1 外部启动 IN
20011 A1 — IN
20012 B2 主程序调出 IN
20013 A2 报警 / 错误复位 IN
20014 B3 — IN
20015 A3 再现模式的选择 IN
20016 B4 示教模式的选择 IN
20017 A4 — IN
20020 B5 禁止进入干涉区 1 IN
20021 A5 禁止进入干涉区 2 IN
20022 B6 禁止作业 IN
20023 A6 — IN
B7 024VU
A7 024VU
30010 B8 运行中 OUT
30011 A8 伺服接通中 OUT
30012 B9 主程序首项 OUT
30013 A9 发生报警 / 错误 OUT
30014 B10 电池报警 OUT
30015 A10 远程模式选择 OUT
30016 B11 再现模式选择 OUT
30017 A11 示教模式选择 OUT
30020 B12 立方体 1 内 OUT
30021 A12 立方体 2 内 OUT
30022 B13 作业原点 OUT
30023 A13 可中途启动（连续程序）OUT
B14
A14
B15
A15
B16 024VU
A16 024VU
B17 024VU
A17 024VU
B18 +24VU
A18 +24VU
B19 +24VU
A19 +24VU
B20 FG
A20
各点
DC24V
50mA（MAX）
CN303
内部电源
+24V
024V
（24V、1A）
外部电源
+24VE
024VE
-3
-4
-1
-2
+24VU
024VU
端子台
型号：TIFS553YS
端子 No
B1 A1 B2 A2 B3 A3 B4 A4 B5 A5 B6 A6
B7 024VU
A7 024VU
B8 A8 B9 A9 B10 A10 B11 A11 B12 A12 B13 A13 B14 A14 B15 A15
B16 024VU
A16 024VU
B17 024VU
A17 024VU
B18 +24VU
A18 +24VU
B19 +24VU
A19 +24VU
B20 FG
A20 024VU
024VU
024VU
024VU
024VU
024VU
+24VU
+24VU
+24VU
+24VU
+24VU
+24VU
+24VU
+24VU
* 使用外部电源时，请取下 CN303-1 ～ -3、-2 ～ -4 的跳线。

图　5-7

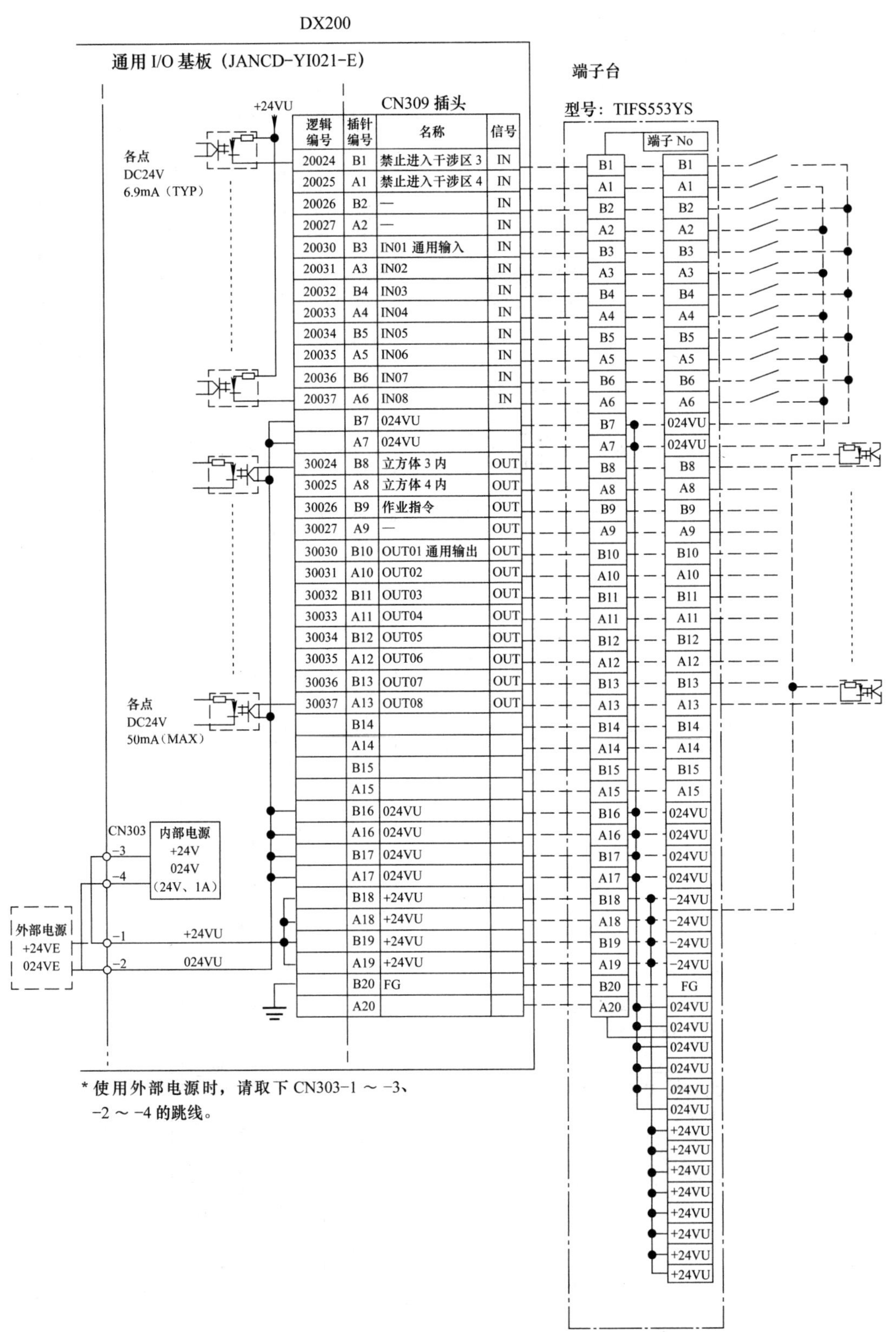
DX200
通用 I/O 基板（JANCD-YI021-E）
+24VU
CN309 插头
逻辑编号
插针编号
名称
信号
20024 B1 禁止进入干涉区 3 IN
20025 A1 禁止进入干涉区 4 IN
20026 B2 — IN
20027 A2 — IN
20030 B3 IN01 通用输入 IN
20031 A3 IN02 IN
20032 B4 IN03 IN
20033 A4 IN04 IN
20034 B5 IN05 IN
20035 A5 IN06 IN
20036 B6 IN07 IN
20037 A6 IN08 IN
B7 024VU
A7 024VU
30024 B8 立方体 3 内 OUT
30025 A8 立方体 4 内 OUT
30026 B9 作业指令 OUT
30027 A9 — OUT
30030 B10 OUT01 通用输出 OUT
30031 A10 OUT02 OUT
30032 B11 OUT03 OUT
30033 A11 OUT04 OUT
30034 B12 OUT05 OUT
30035 A12 OUT06 OUT
30036 B13 OUT07 OUT
30037 A13 OUT08 OUT
B14
A14
B15
A15
B16 024VU
A16 024VU
B17 024VU
A17 024VU
B18 +24VU
A18 +24VU
B19 +24VU
A19 +24VU
B20 FG
A20
各点
DC24V
6.9mA（TYP）
各点
DC24V
50mA（MAX）
CN303
内部电源
+24V
024V
（24V、1A）
-3
-4
-1
-2
+24VU
024VU
外部电源
+24VE
024VE
端子台
型号：TIFS553YS
端子 No
* 使用外部电源时，请取下 CN303-1 ～ -3、
-2 ～ -4 的跳线。

图 5-8

5.3　I/O 信号电气接线

5.3.1　接线方法

安川工业机器人输入输出均为低电平，与 ABB 工业机器人的 I/O 信号接线方法相反，图 5-9 为读者展示 I/O信号如何连接外部电气元器件。

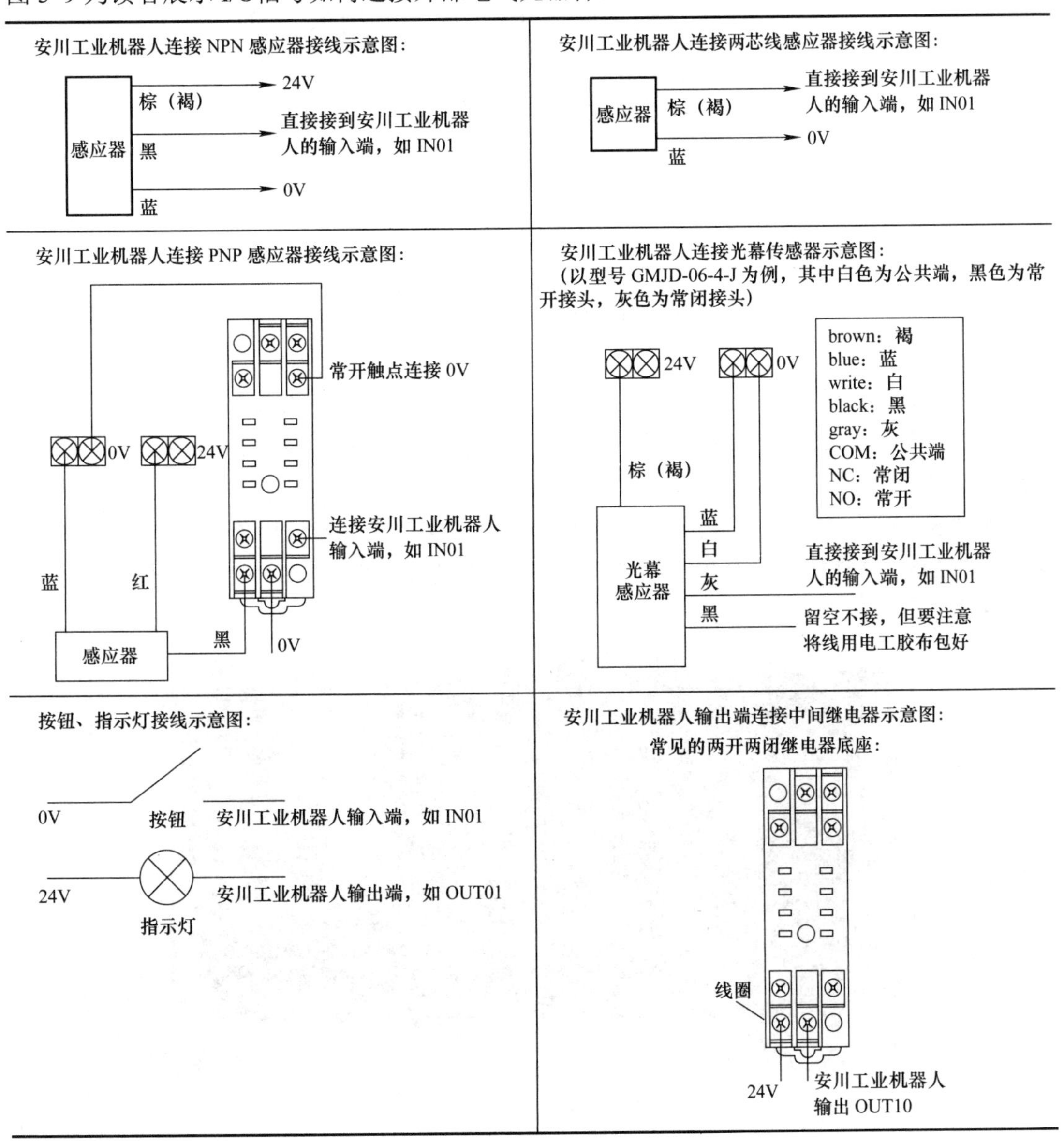

图　5-9

5.3.2　直流 24V 电源

在 5.1.1 节的 I/O 板介绍中，每个 I/O 基板的左下角都有直流 24V 电源的接线示意图，如图 5-10 所示。

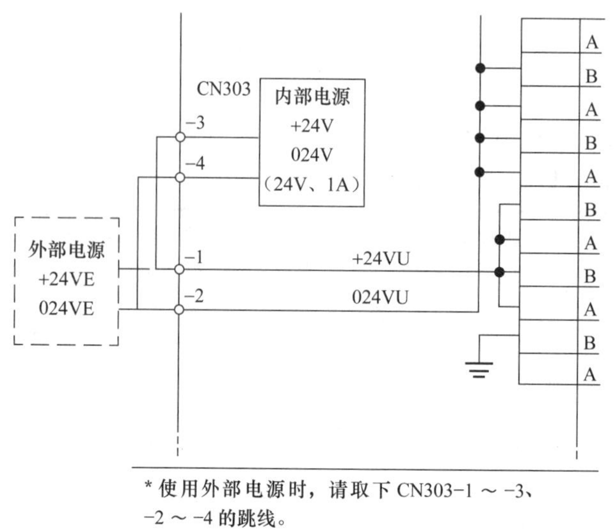

图 5-10

I/O 的通信离不开电源，工业机器人的数字 I/O 信号大多都使用直流 24V 进行供电，而且工业机器人中内部都自带 24V 电源。安川工业机器人的 24V 电源位于 CN303 中，大家可以选择使用内部电源还是外部电源。

如图 5-10 所示，若使用内部电源，则将 1-3、2-4 短接。若使用外部电源，则将 1 连接到外部 24V，2 连接到外部 0V。图 5-11 所示为安川工业机器人所用电柜后面，白色框为 CN303 所在位置。

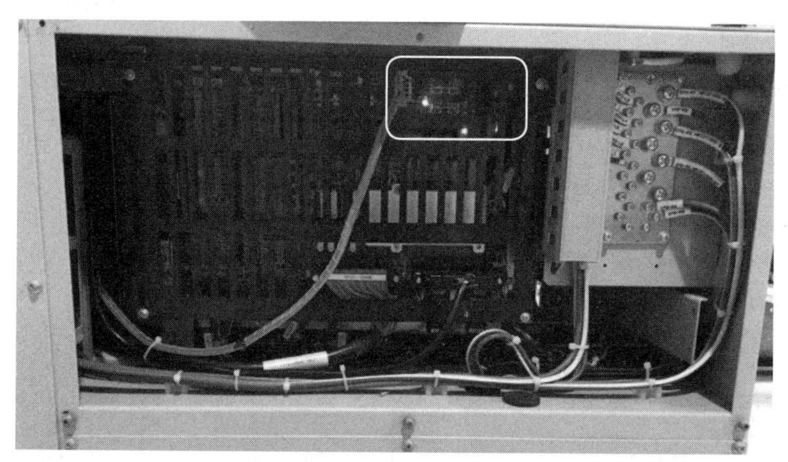

图 5-11

5.4 I/O 信号状态查看与修改

安川工业机器人 IO 信号手动的强制仿真输出和输入信号状态的查看方法如下：

1）单击主菜单的“输入输出”命令，如图 5-12 所示。

图　5-12

2）单击“通用输出”命令，弹出界面；显示继电器接通界面，如图 5-13 所示。

图　5-13

3）选择目标信号：选择目标信号的状态（“○”或“●”）。

4）按下［联锁］＋［选择］键，则状态更改完成。（●：ON 状态、○：OFF 状态）更改状态后界面如图 5-14 所示。

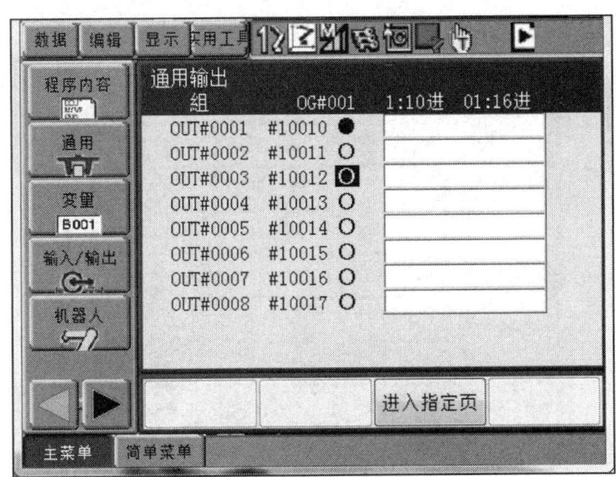

图　5-14

5.5 用户功能键定义

5.5.1 单独键定义

单独键定义是指按下数值键后，工业机器人按照该数值键被定义的功能动作。可定义的功能见表 5-3。

表 5-3

功　能	说　明
厂商定义	安川分配的功能。如果分配其他功能，那么厂商的分配无效
命令定义	分配任意命令
程序调用定义	分配程序内容调出命令（CALL 命令）。单独键定义调出的程序内容仅限于登录了预约程序名称的程序（按照登录序号指定）
显示定义	分配任意界面

5.5.2 同时键定义

同时按键定义是指同时按下［联锁］键和数值键后，机器人将按所定义的功能动作。可定义的功能见表 5-4。

表 5-4

功　能	说　明
交替输出定义	同时按下 [联锁] 键和被定义的数值键时，指定的通用输出信号 ON/OFF 交替变换
瞬时输出定义	同时按 [联锁] 键和被定义的数值键时，指定的通用输出信号转变为 ON
脉冲输出定义	同时按 [联锁] 键和被定义的数值键时，指定的通用输出信号仅在指定的时间转变为 ON
(4 位 /8 位) 输出定义	同时按 [联锁] 键和被定义的数值键时，在指定的通用组输出信号进行指定的输出
模拟输出定义	同时按 [联锁] 键和被定义的数值键时，在指定的输出端口输出指定的电压
模拟增量输出定义	同时按 [联锁] 键和被定义的数值键时，在指定的输出端口输出指定的增量值变化的电压

同时按键定义示例步骤如下所示：

1）单击“设置”→“键定义”命令，如图 5-15 所示，弹出图 5-16 所示界面。

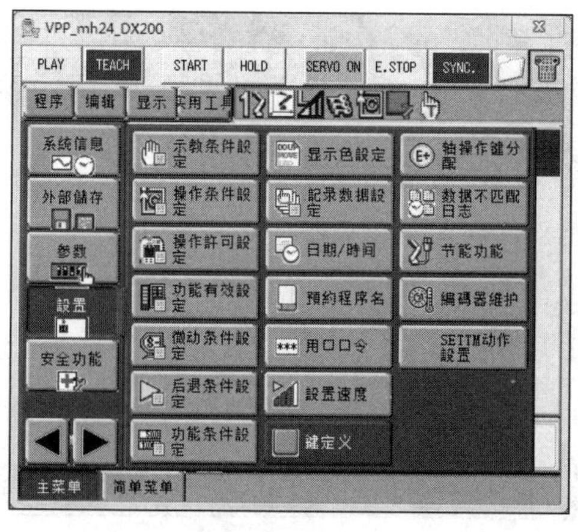

图　5-15

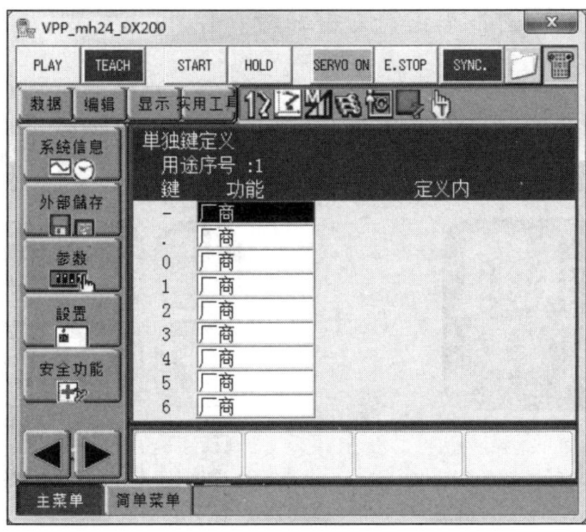

图　5-16

2）单击“显示”→“同时按键定义”命令，如图 5-17 所示。

图　5-17

3）将第一个改为“交替输出”，然后将后面所显示的序号改为“1”，如图 5-18 所示。

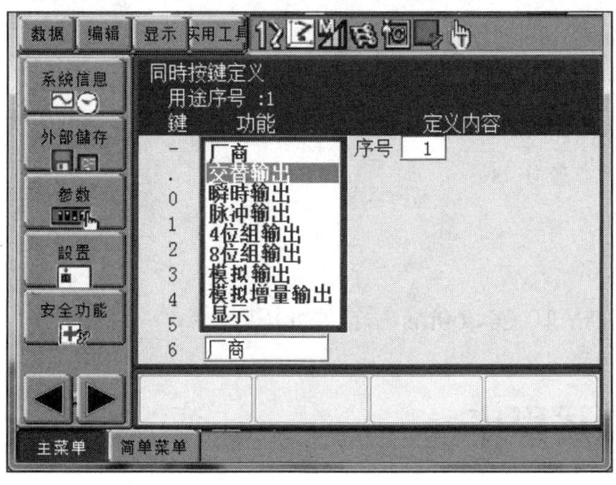

图　5-18

4）按住 [联锁] 键的同时，单击符号键减号 [–]，可以看到数字输出 OUT 01 会进行交替输出，如图 5-19 所示。

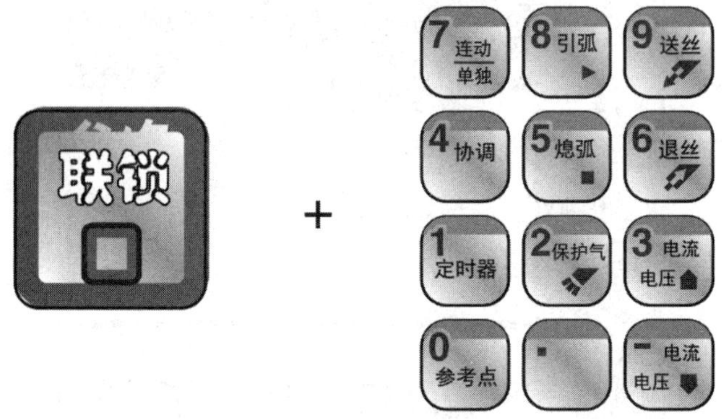

图　5-19

5.6　I/O 指令编程应用

1）DOUT 功能：使通用输出信号开 / 关，信号有两种状态 ON/OFF。

范例：

DOUT OT#(12)=ON

说明：使通用输出信号 12 为 ON。

2）WAIT 功能：在规定的最大时间里面，等待一输入信号与设定相符时，程序才接着往下执行。

范例：

WAIT IN#(12)=ON T=10

说明：等待 IN#(12)=ON 才能再执行下去，最多等 10s。

3）DIN 功能：将外部输入信号读入。

范例：

DIN B16 IN#(16)

说明：IN#16 ON，则 B16=1，IN#16　OFF 则 B16=0。

4）PULSE 功能：使外部 RELAY ON 一段时间，时间一到自动 OFF，T=0.1 ～ 3s，假使时间未设定，则自动设为 0.3s。

范例：

PULSE OT#(10) T=60

说明：使外部 RELAY 10 ON 60ms 后自动 OFF。

5.7　一个简单搬运程序

下面是安川工业机器人从 A 工位拾取产品搬运到 B 工位的一个简单搬运程序。

```
NOP
' 程序开头
MOVJ C00000 VJ=100.00
' 起始点 C00000
MOVL C00001 V=3200.0 PL=0
' 程序抓取点 C00001
DOUT OT#(1) ON
' 数字输出信号 1 为 ON（电磁阀控制吸盘信号）
TIMER T=0.200
' 延时 0.2s
MOVL C00002 V=3200.0
' 抓取点上方 C00002 点

MOVL C00003 V=3200.0
' 放置点上方 C00003 点
MOVL C00004 V=3200.0
' 放置点 C00004
DOUT OT#(1) OFF
' 数字输出信号 1 为 OFF（电磁阀控制吸盘信号释放）
TIMER T=0.200
MOVL C00005 V=3200.0
' 放置点上方 C00005
MOVL C00006 V=3200.0
' 安全作业原点 C00006
END
' 程序结尾
```

5.8　课后练习题

1．通用 I/O 基板（JANCD-YI021-E）共有多少个数字输入信号和数字输出信号？

2．安川工业机器人的 CN303 出厂时输入输出电源设定为内部电源，如果使用外部电源连接，步骤是什么？

3．安川工业机器人 I/O 信号手动的强制仿真输出快捷键上，哪两个组合键可以一起使用？

4．[判断题] 机械安全端子台基板（JANCD-YFC22-E）是为了连接安全输出输入信号等专用外部信号的端子台基板。（ ）

5．[判断题] 安川工业机器人的输入输出均为低电平。（ ）

6．[判断题]DOUT 功能：使通用输出信号开 / 关，信号有两种状态 ON/OFF。（ ）

7．[判断题]WAIT IN#(12)=ON T=10 等待 IN#(12)=ON 才能在执行下去，最多等 10min。（ ）

8．[判断题] 安川工业机器人出厂时输入输出电源设定为内部电源。（ ）

9．[判断题] 数字通用输出 OUT09 是接在 CN306 的 B8 端口上。（ ）

10．[判断题] 外部启动可以接在 CN306 的 B1 端口上。（ ）

第 6 章

数学指令和流程控制类指令综合编程应用

➲ **知识要点：**

1. 安川工业机器人变量系统介绍。
2. 变量运算指令介绍。
3. 逻辑运算指令介绍。
4. 数学运算指令介绍。
5. 流程控制类指令介绍。

➲ **技能目标：**

1. 了解安川工业机器人变量系统介绍。
2. 熟练运用变量运算指令。
3. 熟练运用逻辑运算指令。
4. 熟练运用数学运算指令。
5. 熟练掌握流程控制类指令。

6.1 安川工业机器人变量系统

用户变量在程序中被应用于计数、演算、输入信号的临时保存等，在程序中可自由定义。多个程序可以使用同一用户变量，所以可用于程序间的信息互换。

具体用途如下：

1）工件数量管理。

2）作业次数管理。

3）程序间的信息接收和传递。

另外，用户变量值及在电源断开后仍可保存。

用户变量的数据形式见表 6-1。

表 6-1

数据形式	变量编号（数量）	功能
字节型	B000 ~ B099（100 个）	可以保存的值的范围是 0 ~ 255 可以保存输入输出的状态 可以进行逻辑演算（AND、OR 等）
整数型	I000 ~ I099（100 个）	可以保存的值的范围是 -32768 ~ 32767

（续）

数 据 形 式	变量编号（数量）	功 能
双精度型	D000 ～ D099（100 个）	可以保存的值的范围是 –2147483648 ～ 2147483647
实数型	R000 ～ R099（100 个）	可以保存的值的范围是 –3.4E+38 ～ 3.4E+38。精度 1.18E–38 < x ≤ 3.4E+38
文字型	S000 ～ S099（100 个）	可以保存的文字是 16 个字
位置型	P000 ～ P127（128 个）	可以用脉冲型或 XYZ 型保存位置数据 XYZ 型的变量在移动命令时作为目的地的位置数据使用，在平行位移命令时作为增量值使用。不能使用示教线坐标
	BP000 ～ BP127（128 个）	
	EX000 ～ EX127（128 个）	

6.1.1 字节型、整数型、双精度型、实数型变量的设定

1）单击主菜单中的“变量”命令，弹出界面中显示可选择的变量。

2）选择变量，在这里选择目的型的变量，如图 6-1 所示。

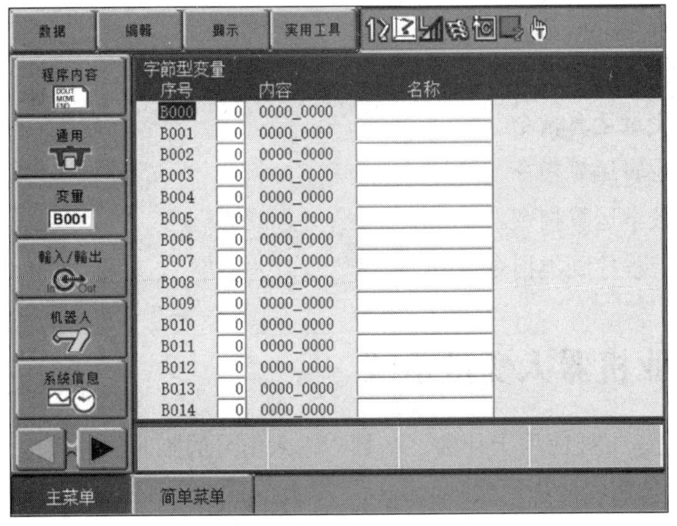

图 6-1

3）移动光标到变量编号。

注意：当数字编号没有显示的时候，通过执行以下任一操作移动光标。

- 移动光标到变量编号处按下［选择］键，在数值输入处输入变量编号后按下［回车］键。
- 移动光标到菜单栏，单击“编辑”→“搜索”命令。在数值输入处输入变量编号后，按下［回车］键，光标移动到变量序号，如图 6-2 ～图 6-3 所示。

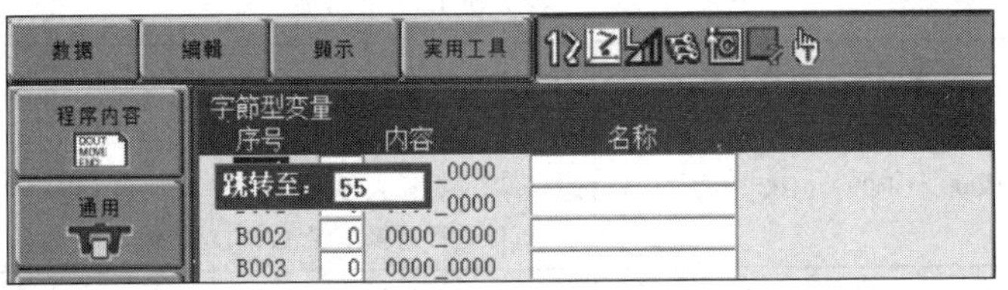

图 6-2

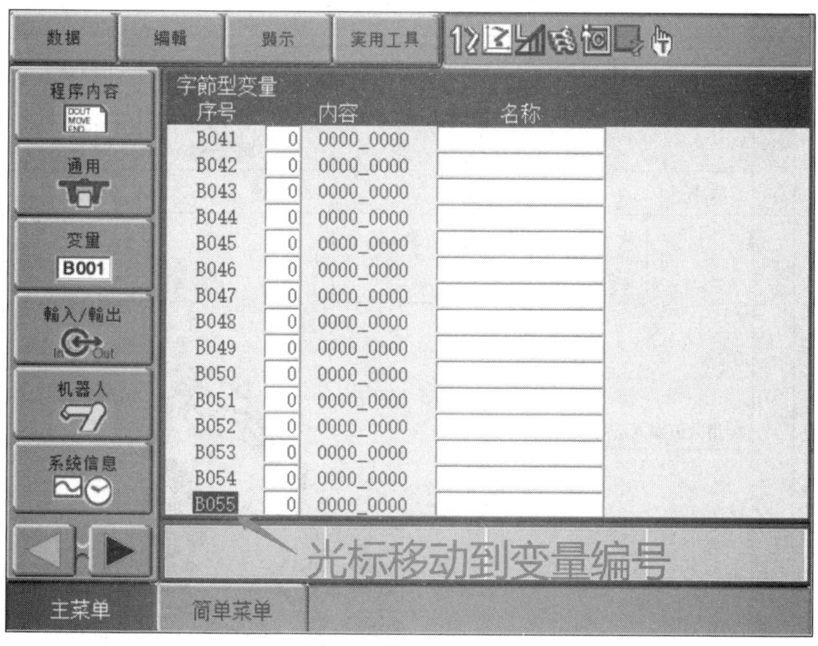

图　6-3

4）选择要设定的数据，由此进入数值输入状态。

5）用［数值］键输入数值，如图 6-4 所示。

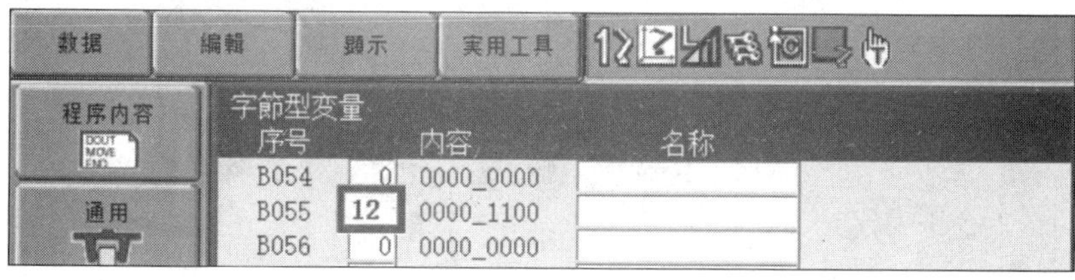

图　6-4

6）按下［回车］键，则输入的的数值被设定在光标位置，如图 6-5 所示。

图　6-5

6.1.2　位置型变量的设定方法

1）在示教模式下设定。

2）用轴操作进行设定时，接通伺服电源。

位置型变量的种类及其设定方法如图 6-6 所示。

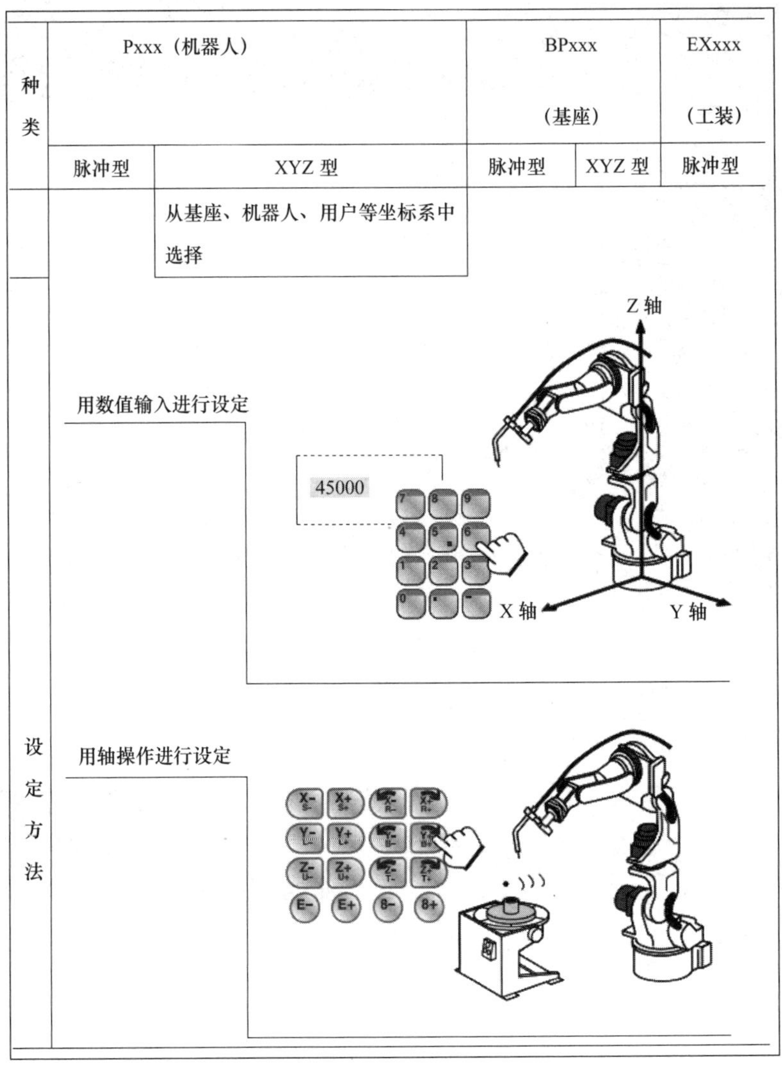

种类
Pxxx（机器人）
BPxxx（基座）
EXxxx（工装）
脉冲型
XYZ 型
脉冲型
XYZ 型
脉冲型
从基座、机器人、用户等坐标系中选择
设定方法
用数值输入进行设定
45000
Z 轴
X 轴
Y 轴
用轴操作进行设定

图 6-6

6.1.3 用数值输入设定位置型变量

1. 脉冲型

1）单击主菜单的“变量”命令。

2）选择位置变量：显示目标变量界面，如图 6-7 所示。

3）选择变量编号的右横处：显示数据形式的选择对话框（脉冲、基座、机器人、用户、工具），如图 6-8 所示。

注意：已设定了变量时，按下［选择］键，会出现“是否要删除数据？”的对话框。单击“是”，数据被删除，如图 6-9 所示。

4）选择“脉冲”形式如图 6-10 所示。

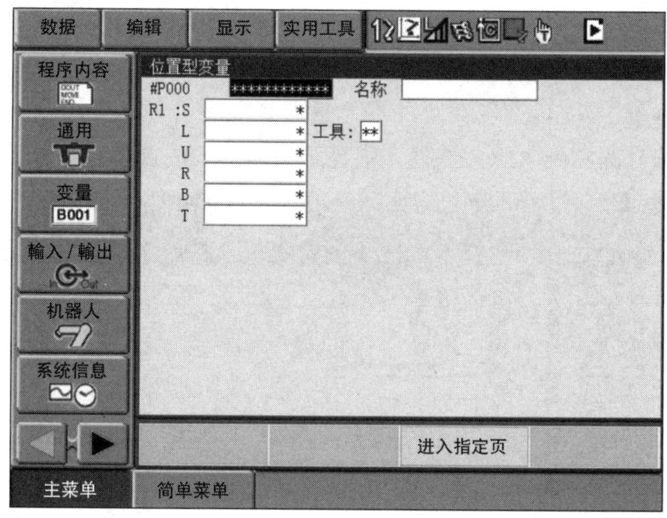

图　6-7

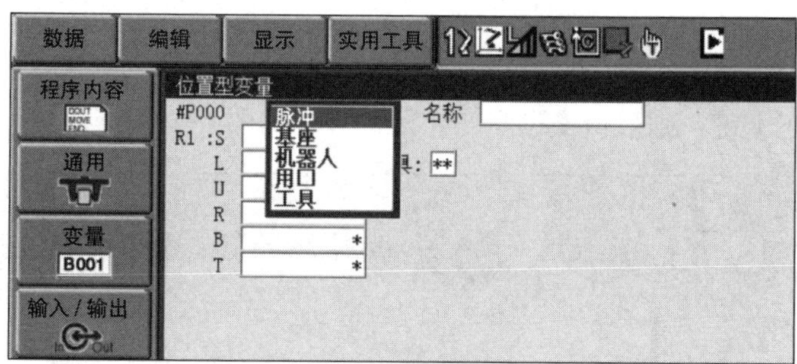

图　6-8

图　6-9

5）选择要设定的轴和工具的数据输入区

6）用［数值］键输入数值

7）按下［回车］键，数值被设定在光标位置。

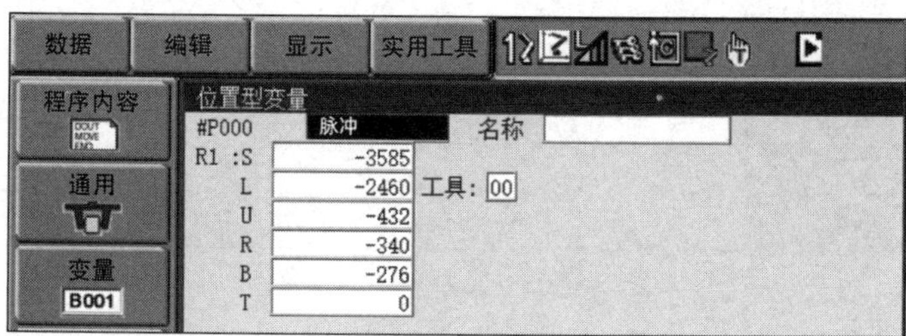

图　6-10

2. XYZ 型

1）单击主菜单中的“变量”命令。

2）选择位置变量。

3）选择变量编号的右侧“脉冲”处，则显示数据形式的选择对话框，如图 6-11 所示。

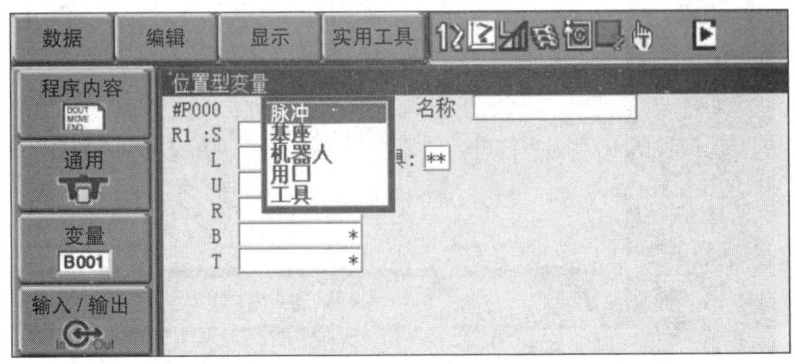

图 6-11

4）选择数据形式（机器人）。

5）选择要设定的轴和工具的输入数据。

6）用［数值］键输入数值。

7）按下［回车］键，则数值被设定在光标位置，如图 6-12 所示。

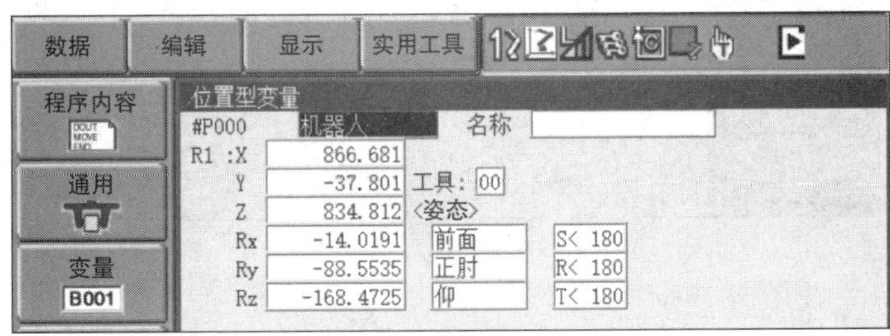

图 6-12

3. 形态的选择

移动光标到要显示形态的数据处，按下［选择］键。每按一次，数据会相互交替切换。如图 6-13 所示。

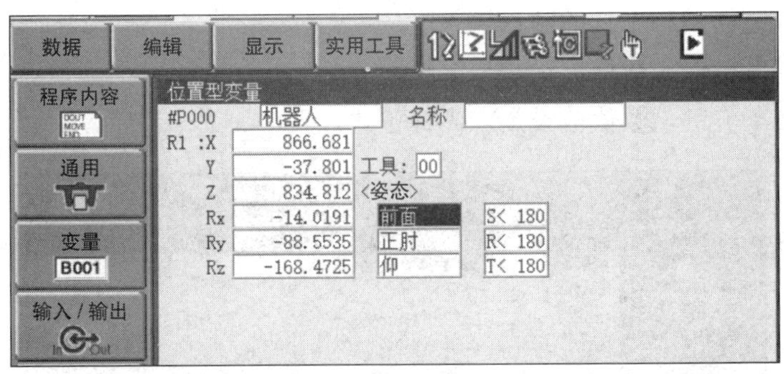

图 6-13

关于机器人姿态不变的平行位移使用的是位置型变量时，没必要设定姿态。

6.2　变量运算指令

1. SET

功能：给变量赋值。

范例：SET B000 0

说明：给变量 B000 赋值为 0。

2. SETE

功能：给位置型变量的要素设定数据。

P×××（1）：第 1 轴数据；

P×××（2）：第 2 轴数据；

P×××（3）：第 3 轴数据；

P×××（4）：第 4 轴数据；

P×××（5）：第 5 轴数据；

P×××（6）：第 6 轴数据；

P×××（7）：第 7 轴数据；

P×××（8）：第 8 轴数据。

范例：SETE P000（3）2000

说明：给位置型变量 P000 的第 3 轴数据设定为 2000 个脉冲。

3. GETE

功能：提取位置变量的元素。

P×××（1）：第 1 轴数据；

P×××（2）：第 2 轴数据；

P×××（3）：第 3 轴数据；

P×××（4）：第 4 轴数据；

P×××（5）：第 5 轴数据；

P×××（6）：第 6 轴数据；

P×××（7）：第 7 轴数据；

P×××（8）：第 8 轴数据。

范例：GETE D006 P012（4）

说明：提取位置变量 P012 的第 4 轴数据存放到双精度型变量 D006 中。

4. GETS

功能：读取系统变量。

范例：GETS PX000 $PX000

说明：读取系统变量 $PX000 存放到 PX000 中。

5. ADD

功能：数据 1 和数据 2 相加，结果存入数据 1。格式：ADD〈数据 1〉〈数据 2〉。

范例：ADD I012 I013

说明：整数型变量 I012+I013=I012。

6. SUB

功能：数据 1 和数据 2 相减，结果存入数据 1。

格式：SUB〈数据 1〉〈数据 2〉。

范例：SUB I012 I013

说明：整数型变量 I012−I013=I012。

7. MUL

功能：数据 1 和数据 2 相乘，结果存入数据 1。

格式：MUL〈数据 1〉〈数据 2〉。

可在数据 1 中对位置变量进行要素指定。

省略时，会指定全要素。

P×××（1）：第 1 轴数据　P×××（2）：第 2 轴数据。

P×××（3）：第 3 轴数据　P×××（4）：第 4 轴数据。

P×××（5）：第 5 轴数据　P×××（6）：第 6 轴数据。

P×××（7）：第 7 轴数据　P×××（8）：第 8 轴数据。

范例：MUL I012 I013

说明：整数型变量 I012*I013=I012。

P000 变量是 XYZ 型时 MUL P000（3）2。

2 和 Z 轴数据相乘的值后继续保存到位置变量 P000 的 Z 值中，现在变量 P000 的 Z 值是没有相乘之前的两倍。

P00 变量是脉冲单轴型时 MUL P000（3）2。

2 和第 3 轴数据相乘的值后继续保存到位置变量 P000 的第 3 轴的值中，现在变量 P000 的第 3 轴的值是没有相乘之前的两倍。

8. DIV

功能：数据 1 和数据 2 相除，结果存入数据 1。

格式：DIV〈数据 1〉〈数据 2〉。

可在数据 1 中对位置变量进行要素指定。

省略时，会指定全要素。

P×××（1）：第 1 轴数据；

P×××（2）：第 2 轴数据；

P×××（3）：第 3 轴数据；

P×××（4）：第 4 轴数据；

P×××（5）：第 5 轴数据；

P×××（6）：第 6 轴数据；

P×××（7）：第 7 轴数据；

P×××（8）：第 8 轴数据。

范例：DIV I012 I013

说明：整数型变量 I012/I013=I012。

P000 变量是 XYZ 型时 DIV P000（3）2。

Z 轴数据除以 2 的值后，继续保存到位置变量 P000 的 Z 值中，现在变量 P000 的 Z 值是没有相除之前的一半。

P00 变量是脉冲单轴型时 DIV P000（3）2。

第 3 轴数据除以 2 的值后继续保存到位置变量 P000 的第 3 轴值中，现在变量 P000 的第 3 轴的值是没有相除之前的一半。

9. INC

功能：在指定的变量上加 1。

范例 1：INC I043

说明：整数型变量 I043= I043+1。

范例 2：INC B000

说明：字节型变量 B000= B000+1。

10. DEC

功能：在指定的变量上减去 1。

范例 1：DEC I043

说明：整数型变量 I043= I043−1。

范例 2：DEC B000

说明：字节型变量 B000= B000−1。

11. CLEAR

功能：清除数据功能。

范例 1：CLEAR B003 10

说明：把变量 B003-B012 的内容清零。

范例 2：CLEAR D010 ALL

说明：把 D010 后面的所有 D 变量全部清零。

范例 3：CLEAR STACK

说明：清除全部的程序调用堆栈。

12. CNVRT

功能：把脉冲型的位置型变量转为坐标型的位置型变量。

范例：CNVRT PX000 PX001 BF

说明：把脉冲型的位置型变量 PX000 转为坐标型的位置型变量 PX001 BF。

6.3 逻辑运算指令

1. AND

功能：取数据 1 和数据 2 的逻辑与，结果存入数据 1。

格式：AND〈数据 1〉〈数据 2〉

范例：AND B012 B020

说明：变量 B012 和变量 B020 的逻辑与，结果存入数据 1。

2. OR

功能：取数据 1 和数据 2 的逻辑或，结果存入数据 1。

格式：OR〈数据 1〉〈数据 2〉

范例：OR B012 B020

说明：变量 B012 和变量 B020 的逻辑或，结果存入变量 B012 中。

3. NOT

功能：取数据 2 的逻辑非，结果存入数据 1。

格式：NOT〈数据 1〉〈数据 2〉

范例：NOT B012 B020

说明：变量 B020 取反，把结果存入变量 B012 中。

4. XOR

功能：取数据 1 和数据 2 的逻辑异或。结果存入数据 1。

格式：XOR〈数据 1〉〈数据 2〉

范例：XOR B012 B020

说明：变量 B012 和变量 B020 的逻辑异或，结果存入变量 B012 中。

6.4 数学函数指令

1. SIN

功能：取数据 2 的 SIN，存入数据 1。

格式：SIN〈数据 1〉〈数据 2〉。

范例：SIN R000 R001

说明：设定 R000=SINR001 的命令。

2. COS

功能：取数据 2 的 COS，存入数据 1。

格式：COS〈数据 1〉〈数据 2〉

范例：COS R000 R001

说明：设定 R000=COSR001 的命令。

3. ATAN

功能：取数据 2 的 ATAN，存入数据 1。

格式：ATAN〈数据 1〉〈数据 2〉

范例：ATAN R000 R001

说明：设定 R000=TAN−1R001 的命令。

6.5 IF

功能：判断各种条件，添加在其他要处理的命令之后。

格式：〈比较要素 1〉=（或者 <>、<=、>=、<、>）〈比较要素 2〉。

范例：JUMP *12 IF IN#(12)=OFF

说明：如果输入 IN12=OFF 条件满足，则跳转到标签 *12 处。

6.6　FOR

功能：计数循环。

范例：

```
NOP
FOR I000= 1 TO 10
INC B000
NEXT I000
END
```

说明：I000 重复循环总共 10 次（从 1 到 10 共 10 次），每循环一次 I000 就加 1。

6.7　JUMP、*（标签）

1. JUMP

功能：跳至指定的标签或程序。

范例：

1）JUMP*1

说明：跳至标签 *1。

2）

```
SET B000 1
JUMP B000 IF IN#(14)=ON
```

说明：通用输入 14 号口为 ON 时，跳至程序名为 1 的程序。

2. *（标签）

功能：指定跳转目的地的标签。

范例：

```
NOP
*1
JUMP JOB:1 IF IN#(1)=ON
JUMP JOB:2 IF IN#(2)=ON
JUMP *1
END
```

说明：如果通用输入 1 号口和 2 号口都为关，就在 "*1" 和 "JUMP*1" 间无限跳转。

注意：标签只在同一程序内有效，其他程序即使有同样标签也不会跳转。

6.8　UNTIL

功能：直到。

范例：

程序点 1 MOVJ VJ=100

程序点 2 MOVJ VJ=50 UNTIL IN#(14)=ON

程序点 3 MOVJ VJ=25

说明：向程序点 2 移动，直到通用输入 14 号口为 ON 的状态，如果 14 号口为 ON，开始向程序点 3 移动，如图 6-14 所示。

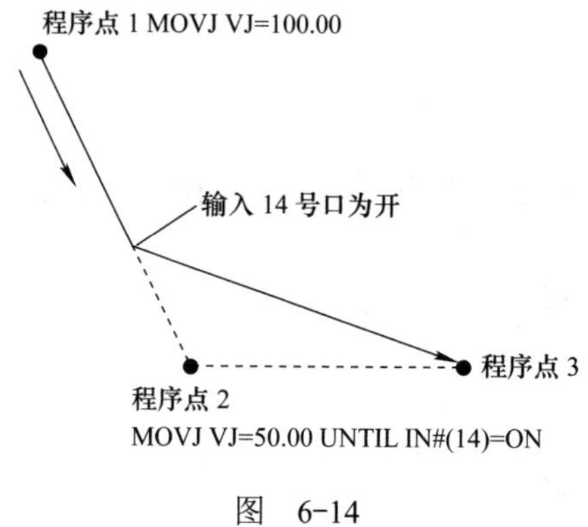

图 6-14

6.9 CALL

功能：调用指定程序。

范例：

SET B000 1

CALL TEST1 IF IN#(14)=ON

说明：通用输入 14 号口为 ON 开时，跳至程序名为 TEST1 的子程序。

6.10 '（注释）

功能：（注释）

范例：

NOP

'Waiting Position

MOVJ VJ=100.00

MOVJ VJ=100.00

MOVJ VJ=25.00

'Welding Start

ARCON ASF#(1)

```
MOVL V=138
'Welding end
ARCOF
MOVJ VJ=25.00
'Waiting Position
MOVJ VJ=100.00
END
```

说明：通过注释明确了作业流程。

6.11　PAUSE

功能：暂停执行程序。

范例：

```
PAUSE IF IN#(12)=ON
```

说明：如果通用输入 12 号口的信号为 ON，暂停执行程序。

6.12　GETARG

GETARG 是 CALL 命令及宏程序命令用的引数接收命令。执行该命令时，读取 CALL 命令或宏程序命令附加的引数数据，并保存在指定的局部变量中，以便在 CALL 程序或宏程序内使用。

范例：

调用源的程序

```
NOP
MOVJ VJ=100.00
WAIT IN#(1)=ON
MOVJ VJ=25.00
CALL JOB:SEALON(8)
MOVL V=138
END
```

调用目标的程序：SEALON

```
NOP
GETARG LIOOO IARG#(1)   '第 1 引数数据“8”保存至 LI000
OUT OT#(10)=ON
MUL LI000 10
```

```
WAIT IN#(1)=ON
AOUT AO#(1)LI000        ’输出基于第一引数数据的模拟电压
END
```

6.13 流程控制指令综合编程练习

流程控制指令综合编程练习范例如图 6-15 和图 6-16 所示。

行	命令	
0000	NOP	
0001	SET B000 0	’计数清 0
0002	SUB P000 P000	’最初的平移量设为零
0003	*A	’标签 *A
0004	MOVJ	’程序点 1
0005	MOVL	’程序点 2
0006	OUT OT#(10)=ON	’抓住工件信号
0007	MOVL	’程序点 3
0008	MOVL	’程序点 4
0009	SFTON P000 UF#(1)	’平移开始
0010	MOVL	’移动位置　程序点 5
0011	OUT OT#(10)=OFF	’放开工件信号
0012	SFTOF	’平移结束
0013	ADD P000 P001	’为下一个动作，进行平移量的相加
0014	MOVL	’程序点 6
0015	MOVL	’程序点 7
0016	INC B000	’B000 计数自加 1
0017	JUMP *A IF B000<6	’B000 计数如果小于 6 跳转到标签 *A
0018	SFTON P000 UF#(1)	’平移结束
0019	END	

图 6-15

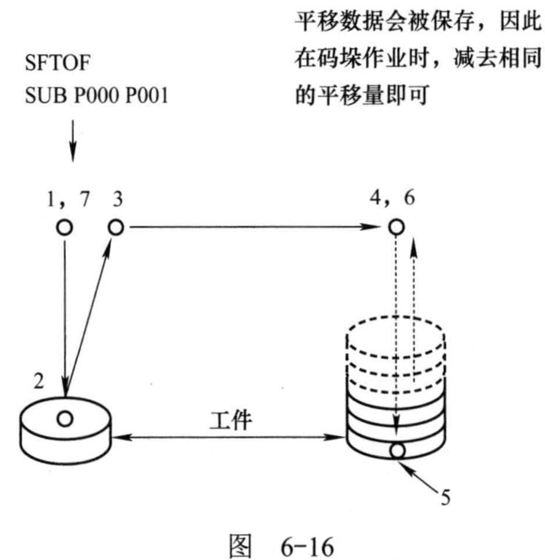
SFTOF
SUB P000 P001
平移数据会被保存，因此
在码垛作业时，减去相同
的平移量即可
1，7
3
4，6
2
工件
5

图 6-16

6.14　课后练习题

1. [判断题] 安川工业机器人整数型变量可以用 I000。（　　）

2. [判断题] 安川工业机器人位置型变量可以用 P000。（　　）

3. [判断题]INC I043 整数型变量 I043= I043+2。（　　）

4. [判断题] 安川工业机器人双精度型变量可以用 D001。（　　）

5. [判断题]GETS PX000 $PX000，程序含义是读取系统变量 $PX000 存放到 PX000 中。（　　）

6. [判断题]SET B000 0，程序含义是给变量 B000 赋值为 0。（　　）

7. [判断题]GETS PX000 $PX000，程序含义是读取系统变量 $PX000 存放到 PX000 中。（　　）

8. [判断题]CNVRT PX000 PX001 BF，程序含义是把脉冲型的位置型变量 PX000 转为坐标型的位置型变量 PX001 BF。（　　）

9. [判断题]AND B012 B020，程序含义是变量 B012 和变量 B020 的逻辑与，结果存入数据 1。（　　）

10. [判断题]SIN R000 R001（设定 R000=SINR001 的命令）。（　　）

11. [判断题]JUMP *12 IF IN#(12)=OFF，程序含义是如果输入 IN12=OFF 条件满足跳转到标签 *12 处。（　　）

12. [判断题]FOR I000= 0 TO 10，程序含义是总共计数循环往复 10 次。（　　）

13. [判断题]JUMP*1，程序含义是跳至标签 *1。（　　）

14. [判断题]PAUSE IF IN#(12)=ON，程序含义是如果通用输入 12 号口的信号为 ON，暂停执行程序。（　　）

15. [判断题]UNTIL 功能是直到的意思。（　　）

16. [判断题]CALL TEST1 IF IN#(11)=ON
程序含义是通用输入 11 号口为 ON 开时，跳至程序名为 TEST1 的子程序。（　　）

17. [判断题] 安川工业机器人程序可以用 'Waiting Position 来注释。（　　）

18. [判断题]GETARG 是 CALL 命令及宏程序命令所用的引数接收命令。执行命令时，读取 CALL 命令或宏程序命令附加的引数数据，并保存在指定的局部变量中，以便在 CALL 程序或宏程序内使用。（　　）

19. [判断题]IF 判断各种条件，必须和 ENDIF 配套使用。（　　）

20. [判断题]FOR 计数循环 FOR I000= 1 TO 10 必须和 NEXT I000 配套使用。（　　）

第 7 章 区域干涉功能

➲ **知识要点：**

1．轴干涉区功能。

2．立方体干涉区功能。

➲ **技能目标：**

1．掌握轴干涉区的设定方法。

2．掌握立方体干涉区的设定方法。

干涉区功能指的是防止工业机器人之间、工业机器人与周边设备之间发生碰撞而导致工业机器人出现故障的功能。一般应用在注射机、压铸机上下料或者多个工业机器人有公共作业区域的情况。

当工业机器人的控制点 TCP 到达某个干涉区域的内侧或外侧时，可以输出状态信号（内侧为 ON，外侧为 OFF）。工业机器人进入此区域时，相应的输入信号就被检测，只要有一个输入信号，工业机器人立即停止，处于等待状态，直到这个信号被清除。

一台工业机器人的干涉区最多可以设定 64 个，分为轴干涉区、立方体干涉区和立方体外干涉区三个部分，它们都有不同的用途。

7.1 轴干涉区

7.1.1 轴干涉区的概念

轴干涉区指的是设定工业机器人的各个轴的运动范围，也就是设定各轴的正负方向所运动的最大值和最小值。工业机器人会时刻监控各个轴的当前位置，判断当前位置是在区域内还是区域外，并将该状态作为信号进行输出。

轴干涉区所设定的轴位置跟工业机器人各轴的软限位是不同的，不能混淆。前者是用来监控各轴的位置状态，后者设定的是机器人最大的运行位置。

7.1.2 轴干涉区的设定

干涉区的设定需要有相应权限登录到“管理模式”才可以进行操作。因此在编辑模式下是无法设定和修改干涉区的，这也是为了避免被胡乱修改从而导致工业机器人出现错误故障。

可以单击“系统信息”→“安全模式”命令进行权限登录，如图 7-1 所示。

登录到管理模式后会在右上方的状态栏显示“三把钥匙”，如图 7-1 中的手指 3 所示。

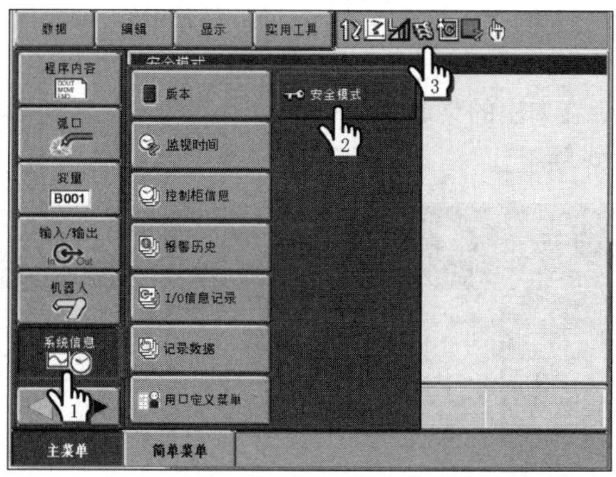

图　7-1

登录完成后，在菜单栏中，单击“机器人”→“干涉区”命令，如图 7-2 所示。

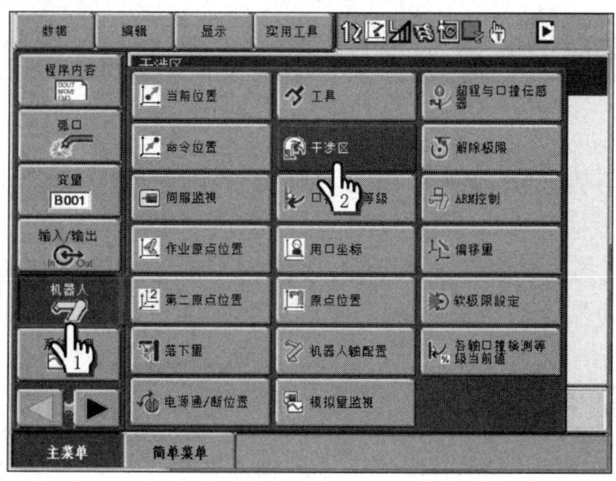

图　7-2

进入到干涉区设定界面，如图 7-3 所示，可以看到在这个界面需要设定的参数有：干涉信号、使用方式、控制轴组、检测方法、报警输出、示教方式和注释。

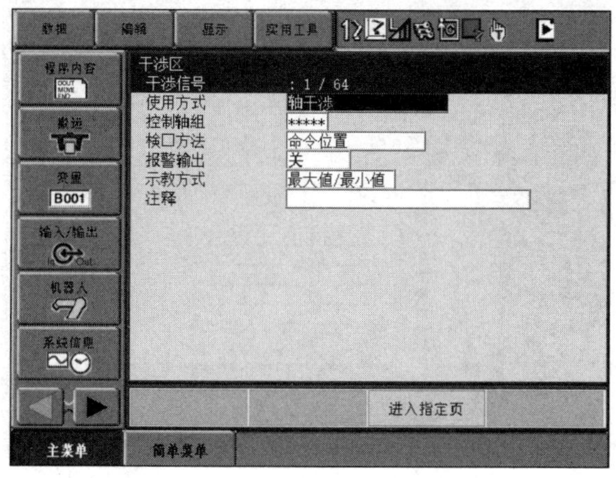

图　7-3

如图 7-4 所示，最上方的“干涉信号”指的是当前设定干涉区的编号，最多可以创建 64 个不同的干涉区。

单击“使用方式”，在弹出的菜单中有三个选项：轴干涉、立方体干涉、立方体外干涉。

本节以轴干涉进行讲解。

图 7-4

单击“控制轴组”，会显示“R1”，在注释下方会出现“最大值”和“最小值”，如图 7-5 所示。

控制轴组是用于选择对应的工业机器人手臂的，当示教器控制着两个手臂的时候就可以选择“R1”或是“R2”，但目前市场上大部分的工业机器人都是单手臂的，因此只能选择“R1”。

最大值 / 最小值指的是各轴之间范围。可以手动输入数值，也可以直接获取工业机器人当前姿态的数值快速填充。

各轴最大值前面的圆圈，也就是图 7-5 中手指所示，指的是各轴是否在当前值的范围内，当显示空心圆时，表示当前轴不在设定的范围内；当显示实心圆时，表示当前轴正在设定的范围内。

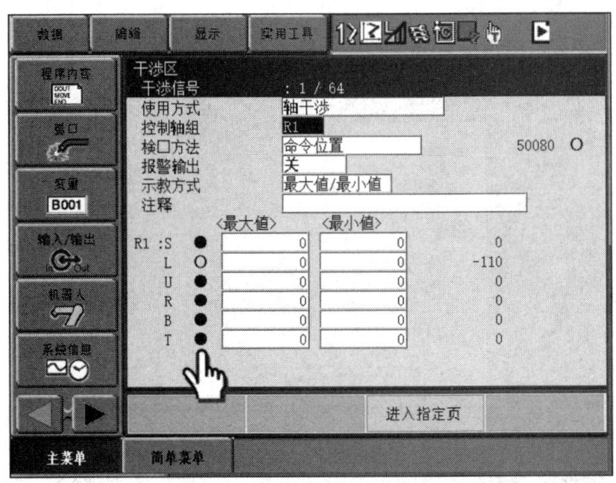

图 7-5

如何直接获取工业机器人当前姿态的数值快速填充最大值和最小值呢？如图 7-6 所示，可以通过示教器，按下 [MODIFY] 键（手指 1 所指按键），界面就会显示选择填充最大值还是最小值，如图 7-7 所示，当前选择的是最大值，可通过示教器左右按键选择最大值还是最小值，当前以最大值为例，按下 [ENTER] 键（手指 2 所指按键），这样就会将工业机器人的当前位置填充到最大值。

同理，将工业机器人各轴移动到其他位置上，按照同样的方法，就可以修改最小值。

这样，就将工业机器人各轴的位置范围设置好了。

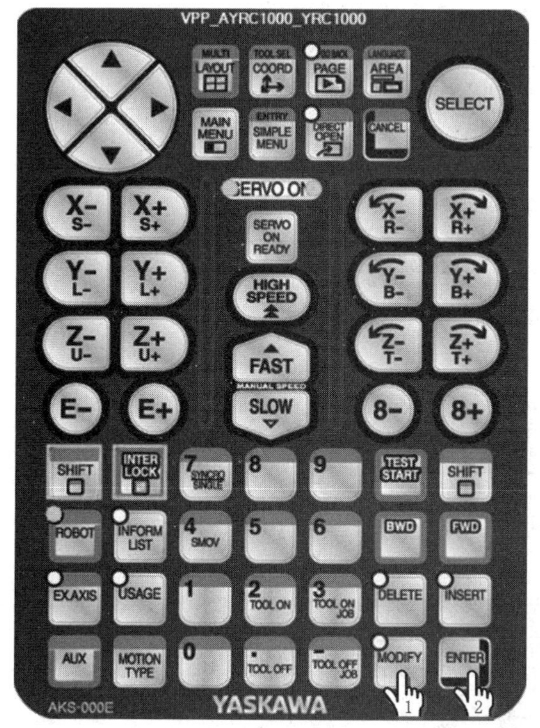

图　7-6

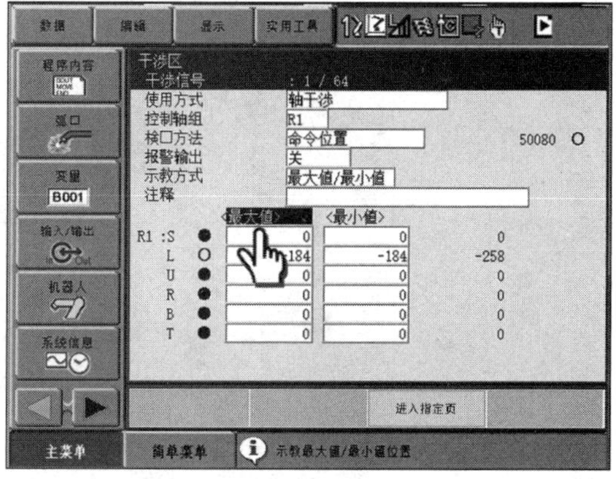

图　7-7

还有一个问题，就是工业机器人周边有障碍物使得工业机器人无法到达指定位置，或者在实际应用中有指定的限制范围，该怎么设定轴干涉的范围呢？

解决办法：可以修改示教方式，将“最大值 / 最小值”改成“中心位置”，如图 7-8 所示。改成“中心位置”之后，可以看到注释下面的参数后面多了一个“宽度”的参数，只需要知道最大值或者最小值，然后在宽度上输入指定的大小，就可以自动测算出另一个数值。

例如，当前工业机器人的最大值是知道的，但是最小值的位置由于有障碍物无法到达，那么直接将工业机器人的姿态移动到最大值的位置上，将最大值的参数填充，然后根据实际使用的范围，修改宽度的数值，就可以直接获得最小值的参数。

“中心位置”适用于一些有阻挡的位置，或者是实际项目中明确要求的运动范围，这样可以获得更加精确的轴干涉区。

设定完轴干涉区的范围之后，下面来看检查方法。如图 7-9 所示，检查方法有两种，分别是“命令位置”和“反馈位置”。

命令位置：工业机器人进入到干涉区域范围内的时候，会立即停止。

反馈位置：工业机器人进入到干涉区域范围内的时候，会减速停止。

如果使用信号来向外输出工业机器人位置的话，使用反馈位置会更加及时。因此需要根据现场情况来选择使用“命令位置”还是“反馈位置”。

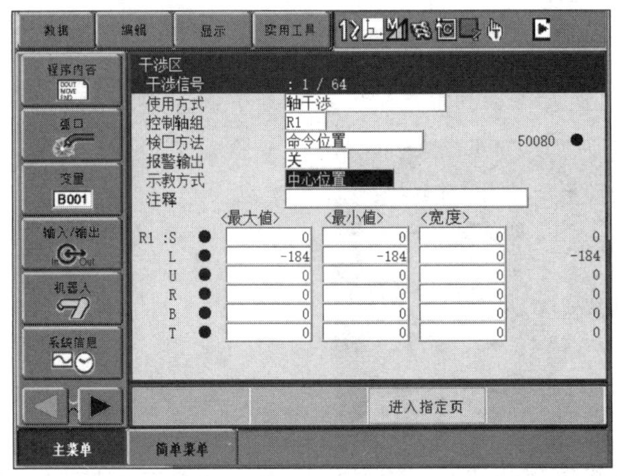

图 7-8

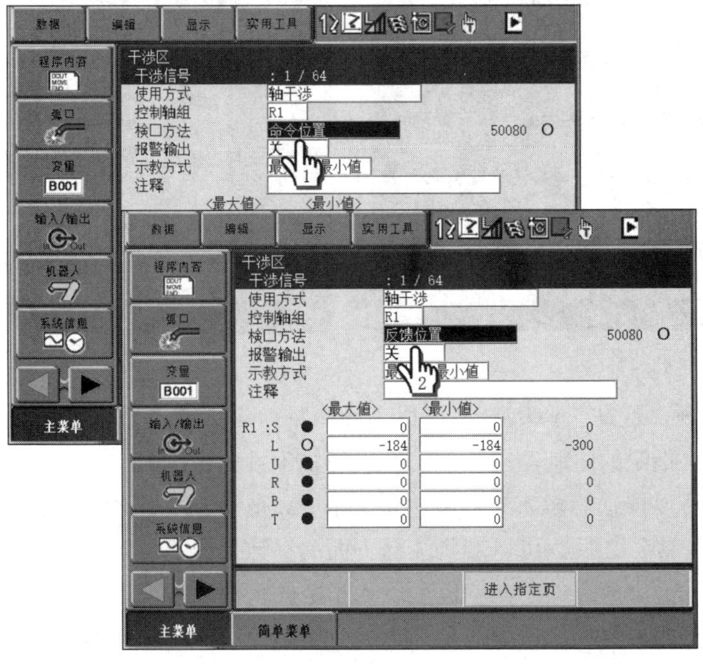

图 7-9

“报警输出”参数，可以选择“开”或者“关”，如图 7-10 所示，它的用处是当工业机器人运行到干涉范围内的时候，是否需要工业机器人报警，并停止工业机器人，当选择“开”的时候，工业机器人一旦进入到干涉区，就会报警，必须消除报警后才能移动工业机器人。

最后一个参数是“注释”，可以在“注释”中写入对应的干涉区的作用，便于后续识别与使用，如图 7-11 所示。

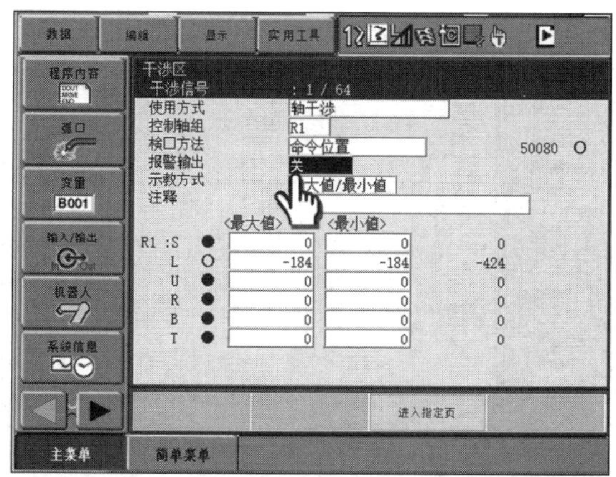

图　7-10

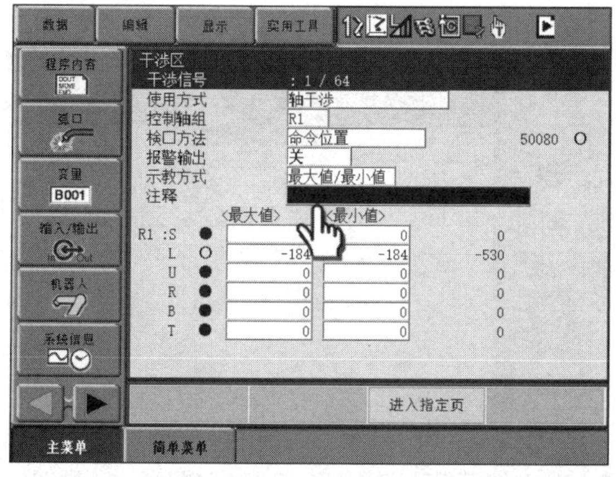

图　7-11

如果设定好的干涉区需要清除所有的参数重新设定，那么如图 7-12 所示，在示教器界面的左上角单击“数据”命令，再单击“清除数据”命令，就会出现如图 7-13 所示的对话框，提示是否初始化当前干涉区，单击“是”按钮，如图 7-14 所示，将设定好的干涉区参数全部清空。

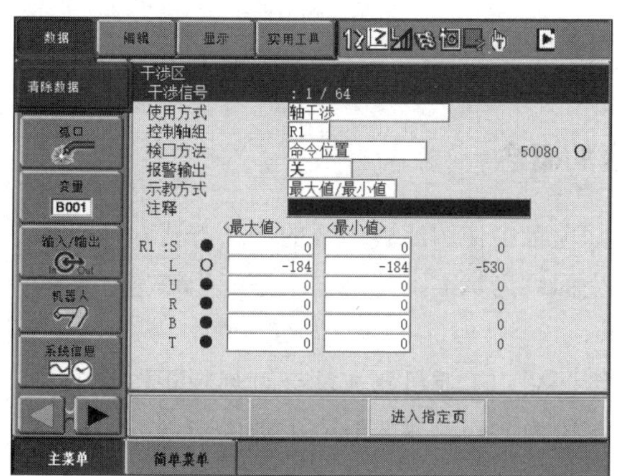

图　7-12

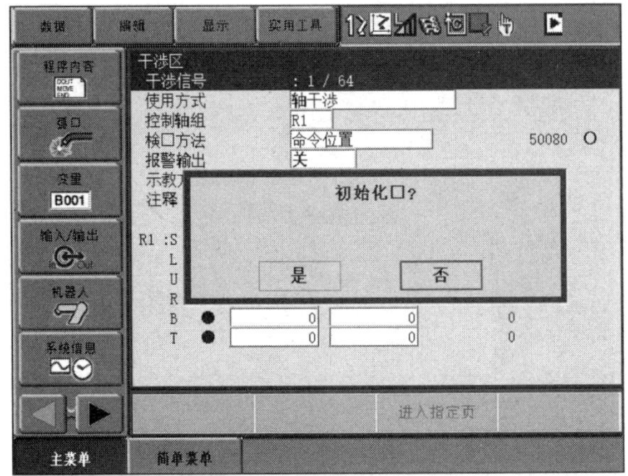

图 7-13

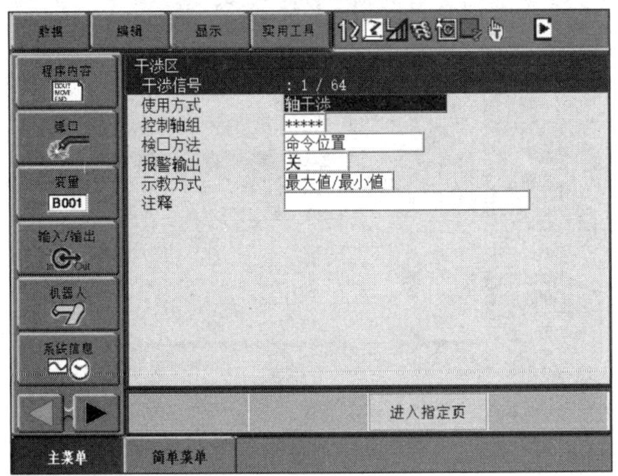

图 7-14

需要注意的是，清空后的数据无法恢复，因此要谨慎操作，避免丢失重要的数据。

通过以上几个步骤，就可以设定好轴干涉区。

7.2 立方体干涉区

7.2.1 立方体干涉区的概念

立方体干涉区在实际项目中使用比较广泛的一种方式，是以基座坐标系或者任一用户坐标系为基准，建立一个平行于该坐标系的立方体，如图 7-15 所示。

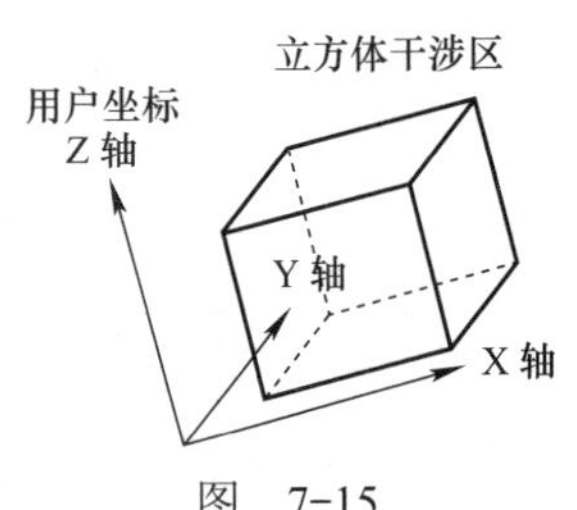

图 7-15

当建立好立方体干涉区后，工业机器人就会时刻判断当前 TCP 是否进入到该立方体的范围内，一旦进入到立方体的范围内，就会输出指定的信号。

7.2.2　立方体干涉区的设定

立方体干涉区的设定与 7.1 节的轴干涉区设定相似，如图 7-16 所示，控制轴组、检查方法、报警输出、注释都是一样的，因此本小节只讲解不同的地方，相同的参数可以参考 7.1.2 节轴干涉区的设定。

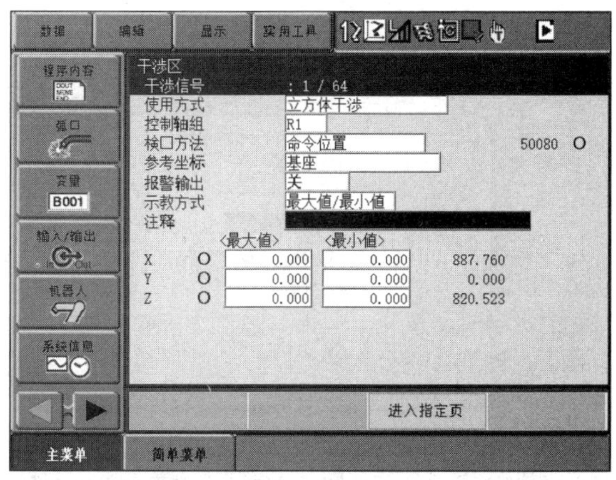

图　7-16

单击“参考坐标”，可以看到弹出的菜单中有三个选择：基座、机器人、用户，如图 7-17 所示。通过前面章节的学习，已经知道坐标系中，基座、机器人、用户的定义，这里是选择当前的立方体干涉区是基于哪个坐标系生成的。

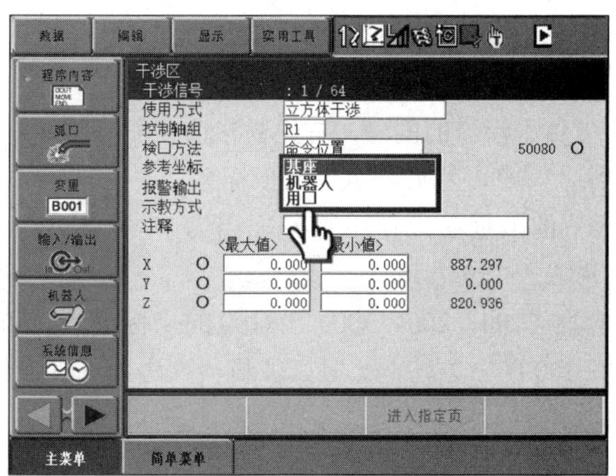

图　7-17

前面也提到了，生成的立方体是平行于坐标系的，因此，在选择坐标系的时候，一定要选择最合适的坐标系。

如果生成的立方体干涉区是基于外部可移动设备的位置，就可以选择用户坐标系（对应外部设备的用户坐标系，不能乱选）。因为一旦外部设备的位置改变了，对应的用户坐标系也会跟着修改，那么同样的，立方体干涉区也会跟随一起改变，这样可以更加方便的操作。

如果生成的立方体干涉区是基于外部固定设备的位置，就可以选择机器人坐标系。

如果生成的立方体干涉区是基于工业机器人本体的位置，就可以选择基座坐标系。

在本节中，以基座坐标系为例进行讲解。

“示教方式”参数，跟 7.1 节设置轴干涉区一样，显示的都是最大值和最小值（图 7-18），但是需要注意的是，最大、最小的数值设定是有要求的。

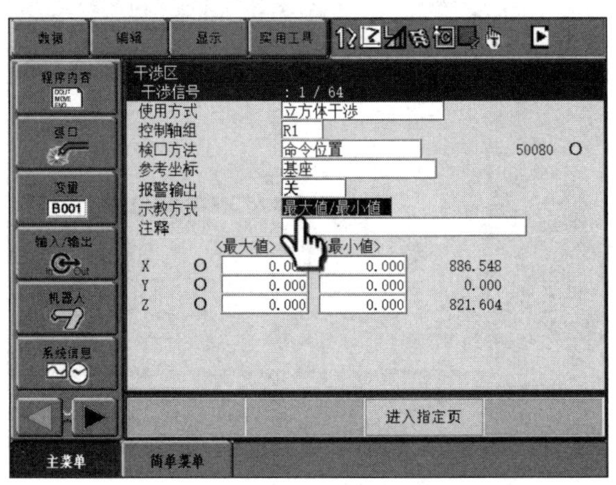

图　7-18

如图 7-19 所示，左边为坐标系，右边为将要定义的立方体，定义立方体干涉区时，最大值必须大于最小值，这个是不能混淆的，那么 A 点就不能定义为最大值，因为在此坐标系中，A 点的坐标值是最小的。G 点就不能定义为最小值，因为 G 点的坐标值是最大的。

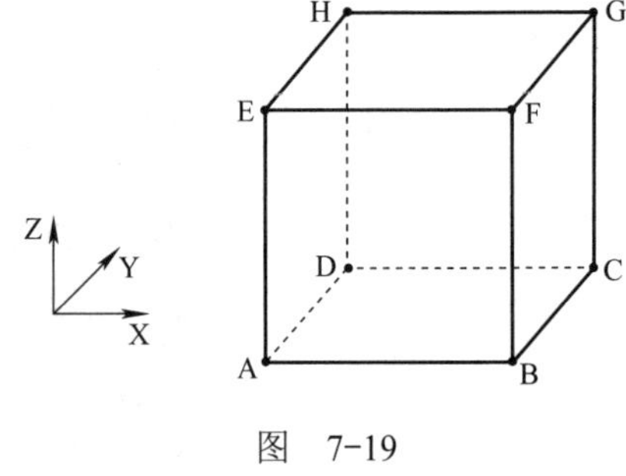

图　7-19

那么要完成这个立方体干涉区的创建，首先要移动工业机器人的 TCP 点到达 A 点，然后将 A点的坐标系存入到最小值中，最大值的数据必须使用 G 点，因为使用其他位置，都不能形成一个立方体。

假设 A 点的坐标值为（100，200，300），G 点的坐标值为（300，600，500），就会形成长 200，宽 400，高 200 的立方体，一旦工业机器人进入到立方体的范围内，就会有信号输出。

7.3　课后练习题

1．下列（　　）不属于干涉区。

A．轴干涉区　　　　B．立方体干涉区

C．圆柱干涉区　　　D．立方体外干涉区

2．一台工业机器人最多可以设定（　　）个干涉区。

A．32　　B．64　　C．128　　D．256

3．“报警输出”打开后，工业机器人一旦进入到干涉区的范围，则会（　　）。

A．报警、停止运行　　B．报警、继续运行

C．不报警、停止运行　　D．不报警、继续运行

4．注释可以用来（　　）。

A．没任何用处　　B．显示当前坐标系

C．显示当前状态　　D．显示干涉区的作用

5．干涉区，指的是________________________________。

6．干涉区一般应用在________________________________。

7．立方体干涉区是以__________或者任一用户坐标系为基准，建立一个平行于该坐标系的立方体

8．[判断题] 轴干涉区是用于限制各个轴的最大运行范围。（　　）

9．[判断题] 任意权限下都可以修改干涉区。（　　）

10．[判断题] 立方体干涉区设定的最大值必须大于最小值。（　　）

11．[判断题] 设定好的干涉区不能删除。（　　）

12．[判断题]“示教方式”可以选择最大值 / 最小值或者中心位置。（　　）

第 8 章

综合编程应用

➲ **知识要点：**

1. 轨迹编程应用技巧。
2. 轨迹编程的信号配置和参数设定。
3. 码垛编程应用技巧。
4. 码垛编程的信号配置和参数设定。

➲ **技能目标：**

1. 掌握轨迹编程和码垛编程的信号配置和参数设定方法。
2. 完成轨迹编程示例程序的编程。
3. 完成码垛编程示例程序的编程。

8.1 轨迹编程应用

8.1.1 应用场景

工业机器人由于其灵活性，多角度的姿态幅度，使其在焊接、喷涂、涂胶等领域获得了非常广泛的应用。在焊接、喷涂、涂胶等领域中，工业机器人需要调整各种不同的姿态来实现产品的加工，那么就需要有良好的轨迹调试能力，确保工业机器人能够按照产品的工艺进行加工。

对于需要高精度运行轨迹的焊接、喷涂、涂胶等领域，需要工程师具备扎实的知识功底，熟练的应用技巧，以便实现工业机器人的稳定运行。

8.1.2 编程要求

如图 8-1 所示，按照面板要求，完成工业机器人 TCP 点的轨迹运动。

所需运行的轨迹是一个八卦图，如图 8-2 所示，工业机器人按照模型的轨迹边缘运行，实现整个八卦图的描绘。

在进行轨迹编程之前，有两个注意事项：

1）工业机器人中不同的坐标系会出现不同的位置数据。如图 8-3、图 8-4 所示，工业机器人在同样的位置，使用了不同的坐标系，就会出现不同的位置数据，因此在进行轨迹编程的时候，用到用户坐标系的时候一定要注意不能和基坐标系混淆。同样的位置数据使用了不同的坐标系，工业机器人就会运行到不同的位置，就可能造成碰撞，损伤、损害设备或人员。

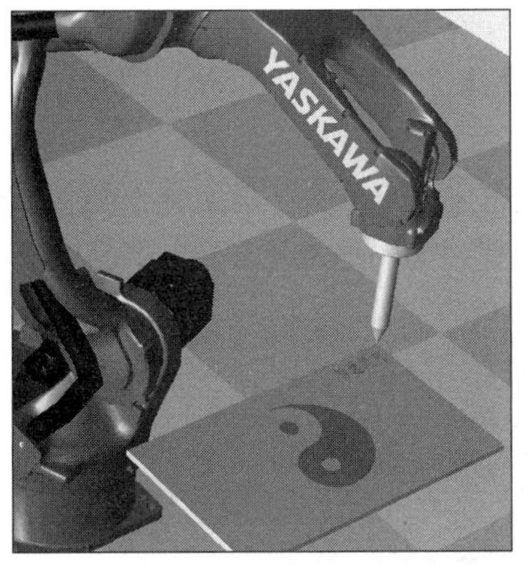

图　8-1

图　8-2

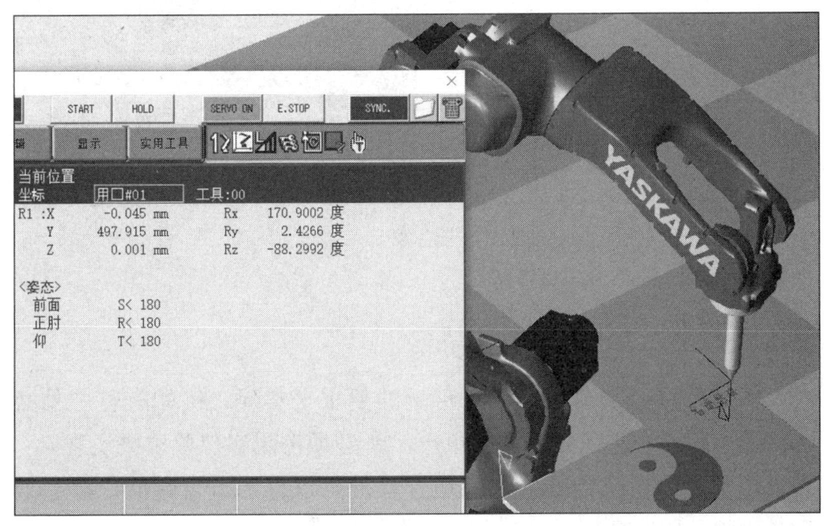

图　8-3

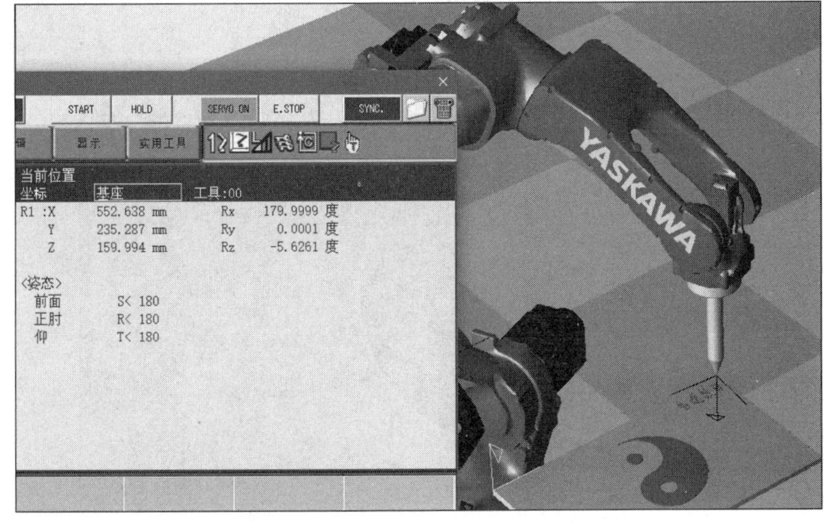

图　8-4

2）工业机器人的点位除了有三维坐标系之外，还有姿态参数，因此工业机器人到达同一个点位，会有不同的姿势。如图 8-4、图 8-5 所示，虽然工业机器人的 X、Y、Z 的数据相同，但是工业机器人的姿势是不同的，所以 X、Y、Z 仅仅表示当前工具坐标系的中心点（TCP）基于指定的坐标系而生成的数据，而 Rx、Ry、Rz 的数据则表示的是工业机器人姿态参数。因此使用位置传递或赋值等相关指令时，一定要注意位置之间的姿态差异。

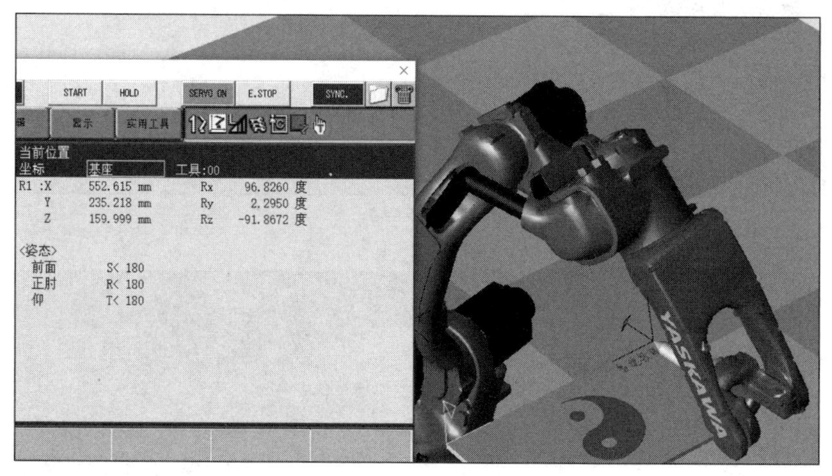

图 8-5

8.1.3 动作流程

工业机器人的运行路径需要根据实际现场的要求来实现，例如有些产品必须先运行哪一部分，再运行哪一部分才能完成产品的生产，就必须按照客户要求去实现。

若没有要求，则可以自己判断，如何运行轨迹可以更加节省时间，提高效率。在本示例中仅提供其中一种运行思路。

如图 8-6 所示，按照手指的顺序，先运行 1 号手指的外圆，再运行 2、3 号手指的 S 形轨迹，最后运行 4、5 号手指的两个小圆。

图 8-6

八卦轨迹运行流程图如图 8-7 所示，当按下启动键后，工业机器人先运行到工作原点，然后等待允许运行信号。

当接收到允许运行信号之后，就开始运行八卦轨迹，运行完毕后再次回到工作原点，等待下一次的允许运行信号。

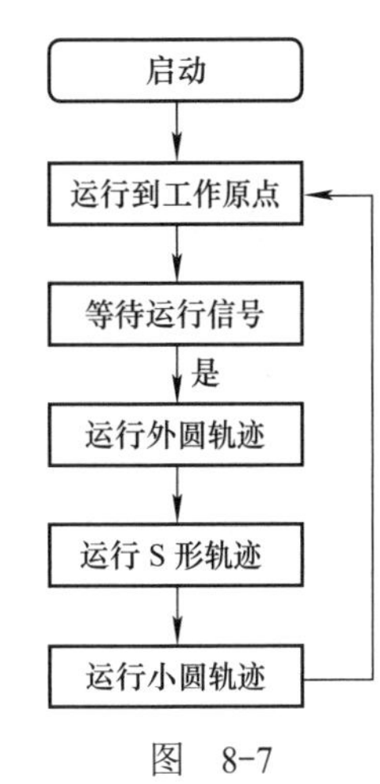

图　8-7

8.1.4　信号配置

工业机器人的信号分为生产信号和外部信号。生产信号是在生产加工中所需要用到的信号，是保证生产运行所必需的信号。外部信号是用于外部启动和状态输出，保证外部信号快捷地启动、停止工业机器人，并且将工业机器人的当前状态输出到外部，便于监控当前工业机器人的状态。

CN309 插头用于生产信号，此案例中主要用到允许运行和轨迹完成两个信号，通过这两个信号就可以实现工业机器人的正常运行，见表 8-1。

表　8-1

CN309 插头					
指针编号	对应输入	说　明	指针编号	对应输出	说　明
B3	IN 01	允许运行	B10	OUT 01	轨迹完成
A3	IN 02	—	A10	OUT 02	—
B4	IN 03	—	B11	OUT 03	—

CN308 插头和机械安全端子台基板用于外部信号，输入端主要用于控制工业机器人动作，有外部启动、外部暂停、外部伺服通电、错误复位、主程序调出和急停等动作；输出端主要用于显示工业机器人当前状态，有运行中、伺服接通中、主程序首项和发生错误等状态。表 8-2 为 CN308 插头接线表，表 8-3 为机械安全端子台基板接线表。

表　8-2

CN308 插头			
指针编号	说　明	指针编号	说　明
B1	外部启动	B8	运行中
B2	主程序调出	A8	伺服接通中
A2	报警 / 错误复位	B9	主程序首项
—	—	A9	发生报警 / 错误

表 8-3

机械安全端子台基板（JANCD-YFC22-E）				
信号名称	连接编号	双路输入内容	出场设定	连接方法
EXESP1+ EXESP1- EXESP2+ EXESP2-	-5 -6 -7 -8	外部急停信号	用跳线短接	接入到同一组常闭触点中，需要同时断开/接通
EXHOLD+ EXHOLD-	-19 -20	外部暂停	用跳线短接	接入到一个常开触点中，当工业机器人在运行中需要停止时，可接通此信号
EXSVON+ EXSVON-	-21 -22	外部伺服 ON	打开	接入到一个常开触点中，当工业机器人转到外部运行状态时，需要通过接通此信号给工业机器人伺服通电

8.1.5 参数设定

1. 创建工具坐标系

创建工具坐标系前，先来观察工业机器人安装的工具，如图 8-8 所示。由于工具是垂直安装在工业机器人的法兰上，所以工具坐标系的方向可以与默认方向保持一致，TCP 定义在尖端，便于工业机器人调整姿态。

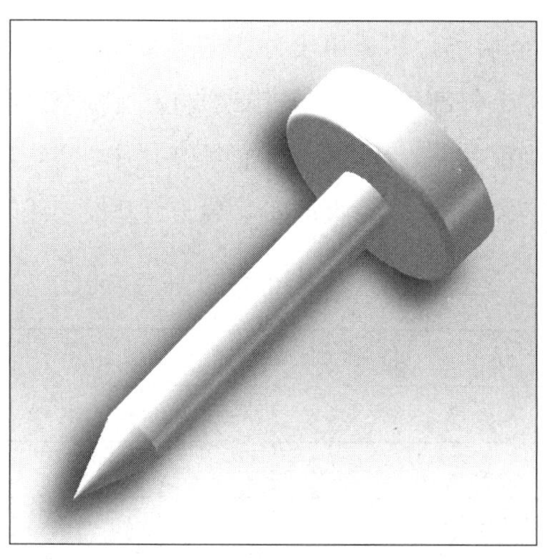

图 8-8

工具坐标系创建参数如图 8-9 所示。

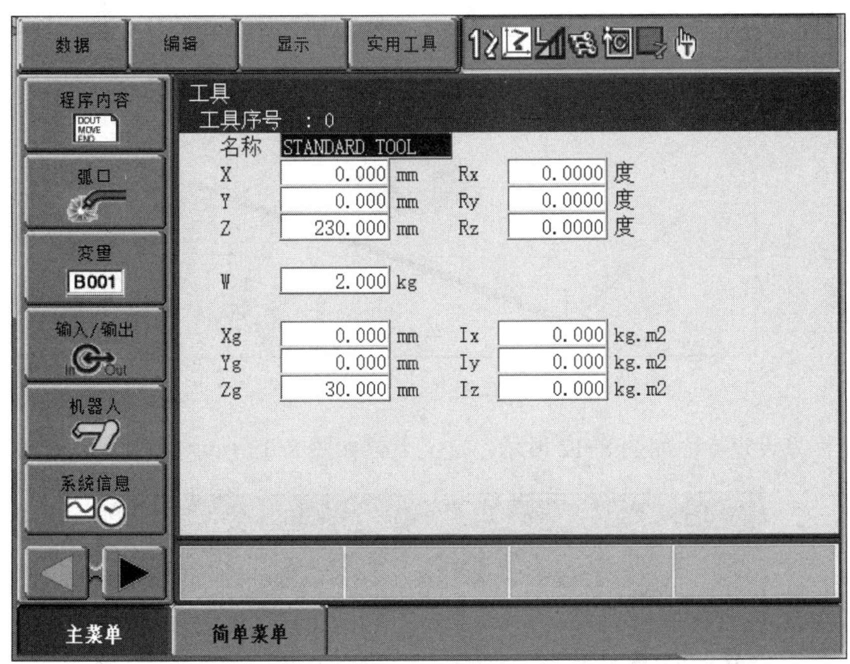

图　8-9

图 8-10 为定义好的工具坐标系。

图　8-10

2. 创建用户坐标系

创建用户坐标系之前，先来看一下工作平台，如图 8-11 所示。现在需要创建一个基于此平台的用户坐标系，那么创建的用户坐标系的方向最好和工业机器人坐标系保持一致或者接近，这样可以方便在编程时调整位置以及进行偏移。

图 8-11

用户坐标系设定界面如图 8-12 所示，定义点位如图 8-13 所示。

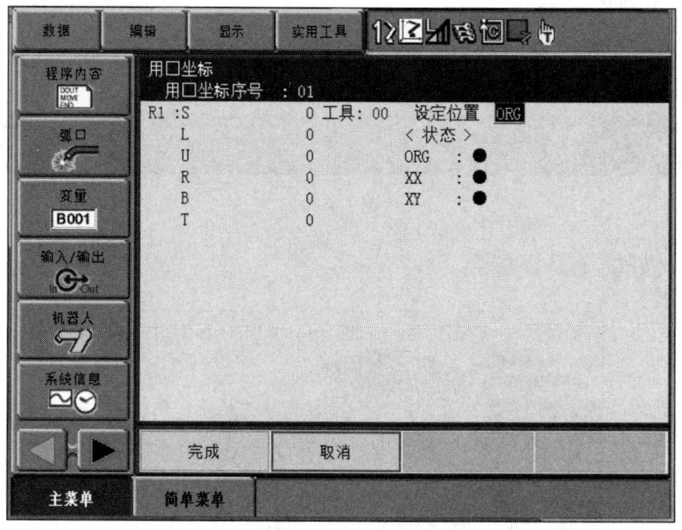

图 8-12

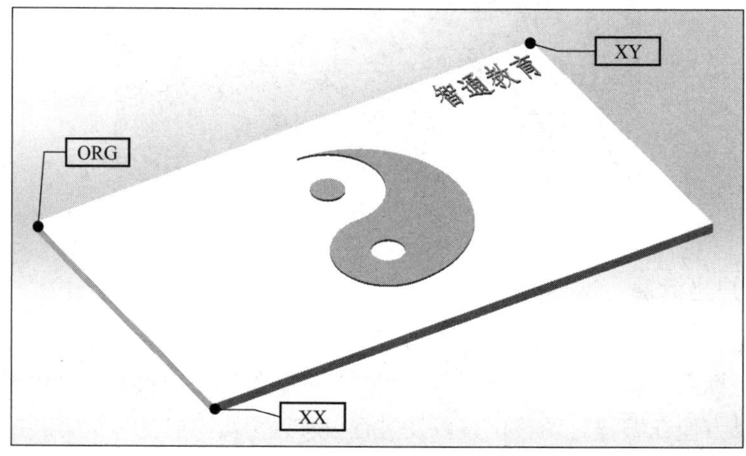

图 8-13

用户坐标系设定完成后，如图 8-14 所示。

图　8-14

8.1.6　程序示例

将工业机器人的 TCP 直接移动到指定的位置再进行记录的方法，是工业机器人编程中最常用的方法，该方法简单易学，可快速上手，适合用在路径比较简单、轨迹较少的场景。如图 8-15 所示，当前显示的就是通过直接定义点位的方法将整个轨迹记录下来。

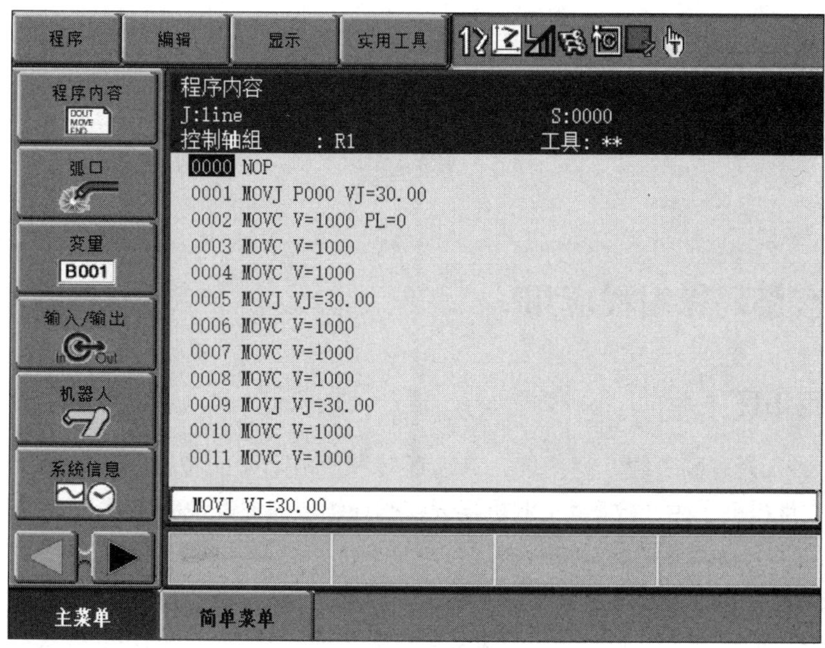

图　8-15

全部程序如下所示：

```
NOP
MOVJ P000 VJ=30.00
MOVC C00000 V=1000 PL=0
MOVC C00001 V=1000
MOVC C00002 V=1000
MOVJ C00003 VJ=30.00
MOVC C00004 V=1000
MOVC C00005 V=1000
MOVC C00006 V=1000
MOVJ C00007 VJ=30.00
MOVC C00008 V=1000
MOVC C00009 V=1000
MOVC C00010 V=1000 PL=0
MOVJ C00011 VJ=30.00
MOVC C00012 V=1000 PL=0
MOVC C00013 V=1000
MOVC C00014 V=1000
MOVC C00015 V=1000
MOVC C00016 V=1000 PL=0
MOVC C00017 V=1000 PL=0
MOVC C00018 V=1000
MOVC C00019 V=1000
MOVC C00020 V=1000
MOVC C00021 V=1000 PL=0
MOVJ P000 VJ=30.00
END
```

8.2　九宫格码垛编程应用

8.2.1　应用场景

工业机器人具有高负载、高精度、高速运转和低故障率的特性，其逐渐取代传统的人工作业，极大地提高了生产效率。工业机器人在码垛领域能更好地完成对产品的搬运与堆垛，其高负载可以对任意重量的物品进行搬运，小到一个回形针，大到一辆汽车，都可以根据物品的重量选择合适的工业机器人型号进行搬运；其最小 0.05mm 的误差，搬运高精度的产品也不会出现错误；其最高 3000mm/s 的速度可以大大地提升搬运、码垛的效率；目前工业机器人经过多年发展，成熟稳定的技术让工业机器人更少出现故障，降低了因设备故障而导致的产能减少。

8.2.2　编程要求

当前需要使用安川工业机器人进行方块的搬运，并将其准确放入到九宫格的工位中，如图 8-16 所示。

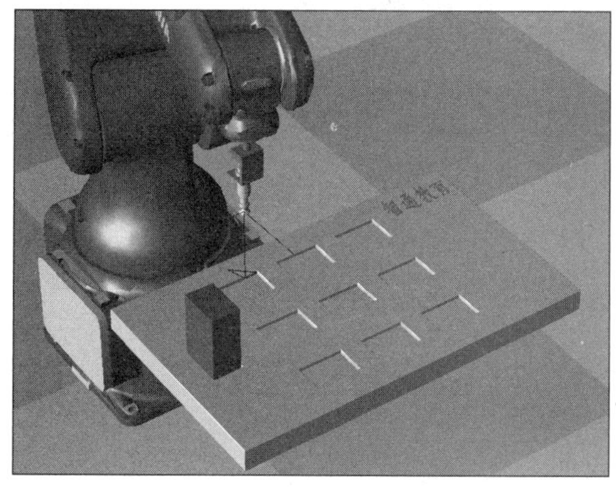

图　8-16

工业机器人动作完成后如图 8-17 所示。

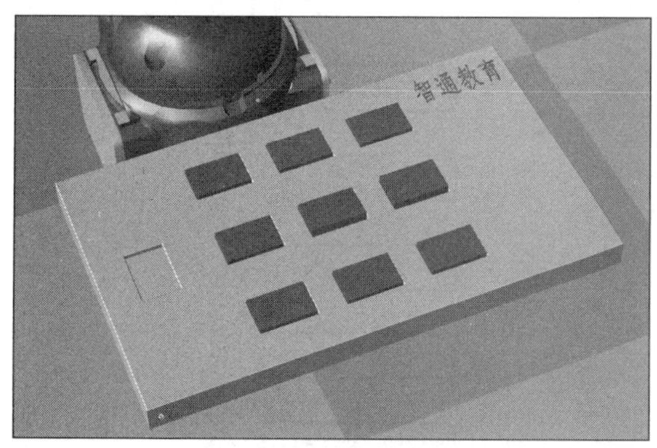

图　8-17

九宫格整体布局如图 8-18 所示。左侧为方块存放区，右侧九个工位为方块放置区。

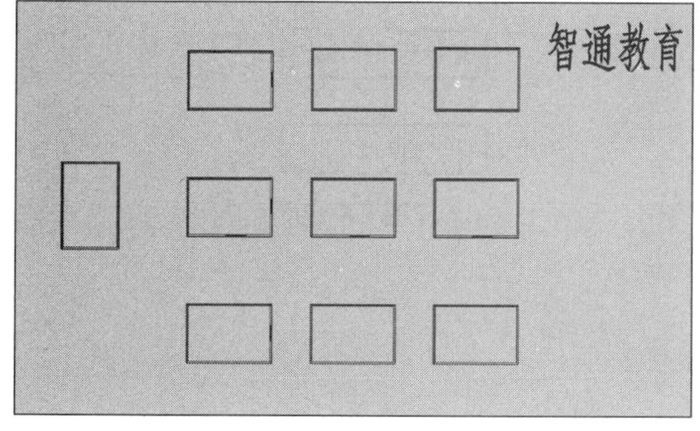

图　8-18

安川工业机器人使用的工具如图 8-19 所示。此次是通过吸附的形式进行方块的抓放。

图 8-19

8.2.3 动作流程

本示例的整体动作流程如图 8-20 所示。

程序的运行方式有很多种，本示例的流程是采取先搬运后判断的形式，因此每抓取一次进行一次计算，直到将 9 个方块放完后，结束整个流程。

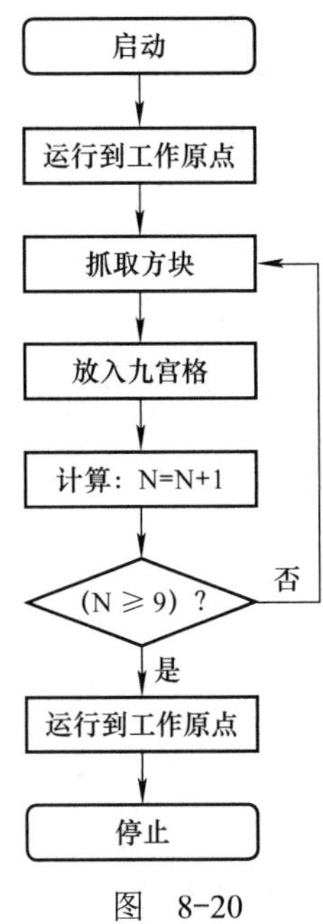

图 8-20

8.2.4 信号配置

1. 信号

此次码垛所需信号如下：

1）CN309 插头信号：对照见表 8-4，此次只需要用到真空吸盘以及真空反馈信号。

表　8-4

CN309 插头					
指针编号	对应输入	说　明	指针编号	对应输出	说　明
B3	IN 01	真空反馈	B10	OUT 01	启动吸盘
A3	IN 02	—	A10	OUT 02	—
B4	IN 03	—	B11	OUT 03	—

2）CN308 插头信号：对照见表 8-5，需要用到相关的外部信号进行操纵。

表　8-5

CN308 插头			
指针编号	说　明	指针编号	说　明
B1	外部启动	B8	运行中
B2	主程序调出	A8	伺服接通中
A2	报警 / 错误复位	B9	主程序首项
—	—	A9	发生报警 / 错误

2. 安全基板

机械安全端子台基板（JANCD-YFC22-E）说明见表 8-6。

表　8-6

信号名称	连接编号	双路输入内容	出场设定	连接方法
EXESP1+ EXESP1− EXESP2+ EXESP2−	−5 −6 −7 −8	外部急停信号	用跳线短接	接入到同一组常闭触点中，需要同时断开 / 接通
EXHOLD+ EXHOLD−	−19 −20	外部暂停	用跳线短接	接入到一个常开触点中，当工业机器人在运行中需要停止时，可接通此信号
EXSVON+ EXSVON−	−21 −22	外部伺服 ON	打开	接入到一个常开触点中，当工业机器人转到外部运行状态时，需要通过接通此信号给工业机器人伺服通电

8.2.5 参数设定

1. 创建工具坐标系

工具的主要接触面是吸盘末端，为了方便进行程序编写，可以在此处创建工具坐标系，如图 8-21 所示。

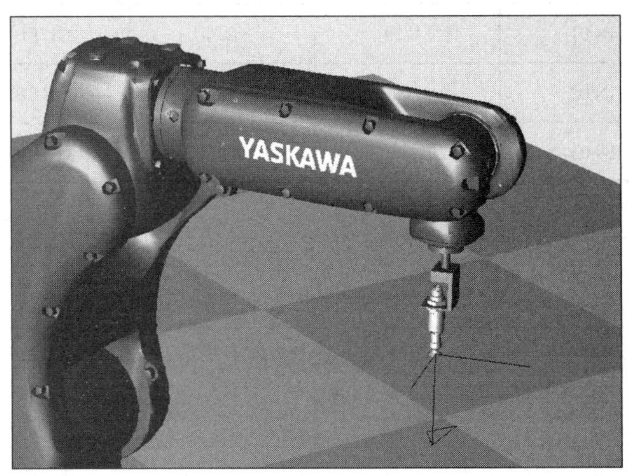

图 8-21

工具坐标系创建数据如图 8-22 所示。可采用四点法进行测算。

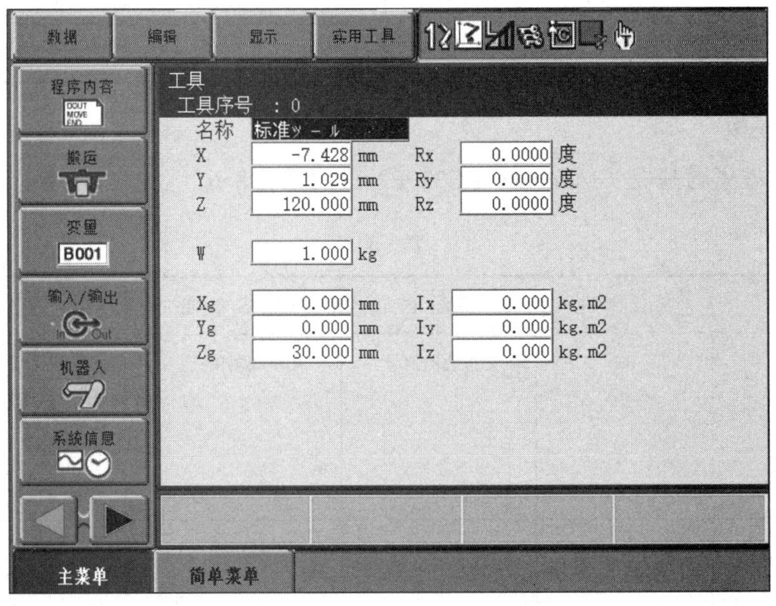

图 8-22

2. 创建用户坐标系

在执行一些搬运码垛类项目的时候，会用到坐标系的偏移用于产品的抓取或摆放，因此必须创建出一个合适的用户坐标系，方便进行后续程序的调试。

创建用户坐标系所定义的三点如图 8-23 所示。

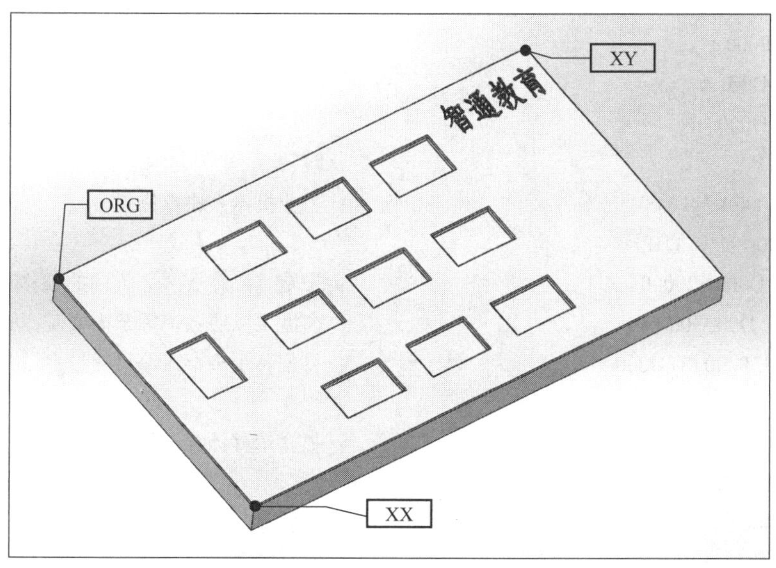

图　8-23

明确要定义的点位后，就可以进入到机器人的用户坐标中进行设定，如图 8-24 所示。

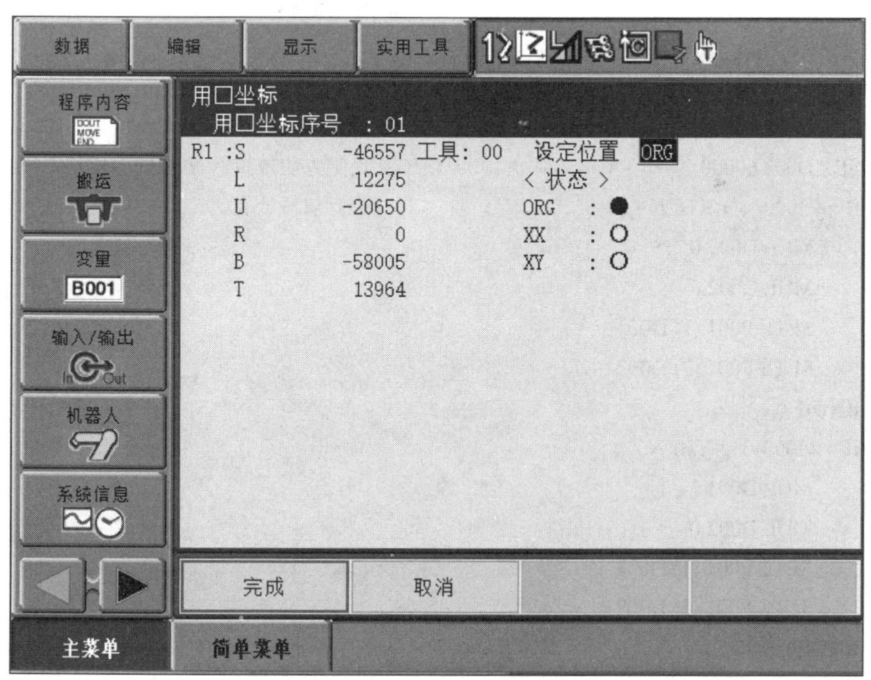

图　8-24

8.2.6　程序示例

此次搬运码垛的动作本身比较简单，主要注意数据处理的问题。示例程序如下：

```
NOP
SUB I000 I000                        ；运行前将相关数据清空
SUB P000 P000
SUB D001 D001
SUB D000 D000
*TOCOUNT                             ；跳转点
MOVJ C00000 VJ=10.00                 ；工业机器人原点位置
IF （I000<=9） THEN
    SET D000 -20000                  ；设定方块存放区 Z 方向的偏移距离
    MUL D000 I000                    ；高度乘以层数，等于需要偏移的距离
    SETE P000 (3) D000               ；将偏移距离存入偏移变量中
ENDIF
SFTON P000                           ；抓料偏移计算开始
MOVJ C00001 VJ=10.00
MOVL C00002 V=200.0                  ；抓料点
DOUT OT#(1) ON                       ；打开吸盘
TIMER T=0.30
MOVL C00003 V=200.0
SFTOF                                ；抓料偏移计算结束

IF（I000<=9） THEN
    SET D001 40000                   ；设定方块放置区 X 方向的偏移距离
    SET D002 60000                   ；设定方块放置区 Y 方向的偏移距离
    IF （I000=0）THEN                ；进行放料计算
        MUL D001 0
        MUL D002 0
        SETE P001 (1) D001
        SETE P001 (2) D002
    ENDIF
    IF （I000=1）THEN
        MUL D001 1
        MUL D002 0
        SETE P001 (1) D001
        SETE P001 (2) D002
    ENDIF
    IF （I000=2）THEN
        MUL D001 2
        MUL D002 0
        SETE P001 (1) D001
        SETE P001 (2) D002
```

```
        ENDIF
        IF （ I000=3 ）THEN
            MUL D001 0
            MUL D002 1
            SETE P001 (1) D001
            SETE P001 (2) D002
        ENDIF
        IF （ I000=4 ）THEN
            MUL D001 1
            MUL D002 1
            SETE P001 (1) D001
            SETE P001 (2) D002
        ENDIF
        IF （ I000=5 ）THEN
            MUL D001 2
            MUL D002 1
            SETE P001 (1) D001
            SETE P001 (2) D002
        ENDIF
        IF （ I000=6 ）THEN
            MUL D001 0
            MUL D002 2
            SETE P001 (1) D001
            SETE P001 (2) D002
        ENDIF
        IF （ I000=7 ）THEN
            MUL D001 1
            MUL D002 2
            SETE P001 (1) D001
            SETE P001 (2) D002
        ENDIF
        IF （ I000=8 ）THEN
            MUL D001 2
            MUL D002 2
            SETE P001 (1) D001
            SETE P001 (2) D002
        ENDIF
    ENDIF
    SFTON P001                                   ；放料偏移计算开始
    MOVL C00004 V=200.0
```

```
MOVL C00005 V=200.0                       ；放料点
DOUT OT#(1) OFF                           ；关闭吸盘
TIMER T=0.30                              ；等待 0.3s
MOVL C00006 V=200.0
SFTOF                                     ；放料偏移计算结束
ADD I000 1
JUMP *TOCOUNT  IF  I000<=9
END
```

8.3 课后练习题

1．下列（　　）指令可让工业机器人走圆弧轨迹。

A．MOVC　　B．MOVS　　C．MOVJ　　D．MOVL

2．编写动作轨迹时，可以（　　）编写程序。

A．随心所欲，自由定义　　B．根据要求，尽量放慢

C．根据要求，尽量加快　　D．以上都可以

3．在进行调试时，工业机器人的工具坐标系（　　）。

A．没用，可以不用定义　　B．没用，就算定义了也用不上

C．有用，可以方便调试　　D．有用，看当天心情决定用不用

4．安川工业机器人的主程序可以（　　）。

A．自由选择主程序　　B．必须是 main

C．必须是 int　　D．没有主程序

5．指令 SETE P000 (3) D000 的作用是 ____。

6．数据存储器 I 的最大存储值为 ______________________________。

7．安川工业机器人的坐标系有 ______________________________。

8．[判断题] 指令 GETE 的作用是修改点位。（　　）

9．[判断题] 指令 IF 是用于判断当前位置是否大于设定值。（　　）

10．[判断题]P000 是位置型数据。（　　）

11．[判断题]D000 最大存储值为 40000。（　　）

12．[判断题] 不设定用户坐标系会影响到工业机器人的偏移移动。（　　）

附录　课后练习题答案

第 1 章

1．安川电机　　日本

2．1977

3．瑞士 ABB、德国 KUKA、日本 FANUC 和 YASKAWA

4．A　　5．C　　6．B　　7．A　　8．×　　9．×　　10．√

第 2 章

1．日语　英语

2．轴运动　线性运动　重定位运动

3．A　　4．B　　5．C　　6．B　　7．D

8．×　　9．×　　10．√

第 3 章

1．D　　2．C　　3．D　　4．A　　5．B　　6．C

7．×　　8．√　　9．×　　10．√

第 4 章

1．B　　2．A　　3．D　　4．C　　5．C

6．×　　7．×　　8．√　　9．×　　10．√

第 5 章

1．通用 I/O 基板（JANCD-YIO21-E）共有 40 个数字输入信号和数字输出信号。

2．

1）拆下连接用 I/O 基板的 CN303-1 ～ 3 和 CN303-2 ～ 4 的配线。

2）将 +24V 外部电源连接到通用 I/O 基板的 CN303-1，0V 连接到 CN303-2 上。

3．按下［联锁］键＋［选择］键

4．√　5．√　6．√　7．×　8．√　9．√　10．√

第 6 章

1．√　2．√　3．×　4．√　5．√

6．√　7．√　8．√　9．√　10．√

11．√　12．×　13．√　14．√　15．√

16．√　17．√　18．√　19．×　20．√

第 7 章

1．C　2．B　3．A　4．D

5．防止机器人之间、机器人与周边设备之间发生碰撞而导致机器人出现故障的功能

6．注塑机、压铸机上下料或者多个机器人有公共作业区域的情况

7．基座坐标系

8．×　9．×　10．√　11．×　12．√

第 8 章

1．A　2．C　3．C　4．A

5．将 D000 中的数据存入 P000 的第三组数据中，若 P000 为关节型数据则为第三轴数据，若 P000 为位置型数据则为 Z 轴数据

6．255

7．基座坐标系、关节坐标系、工具坐标系、用户坐标系

8．×　9．×　10．√　11．×　12．√

参 考 文 献

[1] 魏雄冬．安川工业机器人操作与编程 [M]．北京：化学工业出版社，2021．

[2] 付少雄．工业机器人编程高手教程 [M]．北京：机械工业出版社，2019．

[3] 龚仲华．安川工业机器人从入门到精通 [M]．北京：化学工业出版社，2020．

[4] 饶显军．工业机器人操作、编程及调试维护培训教程 [M]．北京：机械工业出版社，2016．

[5] 付少雄．工业机器人工程应用虚拟仿真教程：MotoSimEG-VRC[M]．北京：机械工业出版社，2018．

[6] 杨铨．工业机器人应用基础 [M]．武汉：华中科技大学出版社，2020．